废润滑油再生技术与工艺

主 编 韩 生
副主编 晏金灿 薛 原

上海交通大学出版社
SHANGHAI JIAO TONG UNIVERSITY PRESS

内容提要

本书较为详细地介绍了国内外废润滑油再生的现状以及最新的技术和工艺。书中对吸附精制、蒸馏、溶剂处理、絮凝处理、膜处理以及催化再生等技术的原理及操作工艺进行了详细的阐述，同时对油泥的再生技术进行了详细的介绍。

本书可供从事废润滑油再生的工作人员参考，同时也可供油品研发和使用人员阅读。

图书在版编目(CIP)数据

废润滑油再生技术与工艺/韩生主编. —上海：
上海交通大学出版社,2022.8
ISBN 978-7-313-26176-2

Ⅰ.①废… Ⅱ.①韩… Ⅲ.①润滑油−废物综合利用
−研究 Ⅳ.①X742

中国版本图书馆 CIP 数据核字(2022)第 120131 号

废润滑油再生技术与工艺
FEIRUNHUAYOU ZAISHENG JISHU YU GONGYI

主　　编：韩　生
出版发行：上海交通大学出版社　　　　　地　　址：上海市番禺路 951 号
邮政编码：200030　　　　　　　　　　　电　　话：021-64071208
印　　制：上海万卷印刷股份有限公司　　经　　销：全国新华书店
开　　本：710mm×1000mm　1/16　　　印　　张：7.5
字　　数：97 千字
版　　次：2022 年 8 月第 1 版　　　　　　印　　次：2022 年 8 月第 1 次印刷
书　　号：ISBN 978-7-313-26176-2
定　　价：58.00 元

前言

FOREWORD

　　本书内容共分为三部分：一是国内外废润滑油再生现状（第1章），二是废润滑油再生的技术和工艺（第2章和第3章），三是油泥再生技术（第4章）。

　　本书介绍了国内外废润滑油再生的现状以及废润滑油再生前后的性能指标，着重讨论了废润滑油再生中吸附精制、蒸馏、溶剂处理、絮凝处理、膜处理以及催化再生等技术的原理及操作工艺，首先对每一类技术的原理进行详细阐述，然后对这类技术中使用的材料进行分类介绍，再对这类技术使用的工艺方法进行逐一说明，最后对该类技术工艺中存在的问题进行讨论。本书还介绍了油泥的再生技术和回收工艺。

　　本书围绕废润滑油再生的技术和工艺这个主题，系统介绍相关原理和方法，并力求反映该领域最新的技术水平和发展状况，为从事废润滑油再生以及油品研发和使用人员提供参考。

　　本书在编写过程中，得到了上海应用技术大学各级领导的大力支持，在此表示最诚挚的感谢，特别感谢中国石化润滑油有限公司上海研究院李谨研究员对本书的指导和修订。此外，王宸宸参与编写了第1章，杨洋、常伟、刘程和兰国贤参与编写了第2章和第3章，周嘉伟、刘平和马鹏参与编写了第4章，谨此致谢。

　　本书参考了近期国内外的相关文献，谨向参考文献的各位作者致谢。

　　由于编者团队水平有限，书中不足之处敬请读者批评指正。

目 录
CONTENTS

第1章
国内外废润滑油再生现状

本章主要介绍润滑油的需求在我国的发展趋势以及国内外废润滑油处理和再生的现状,包括法律法规和工艺技术等。

1.1　概述

石油被誉为"工业的血液",是带动我国经济全面发展的战略性资源。《BP世界能源统计2021年鉴》数据显示,2020年石油仍是全球最重要的燃料,其消费量占全球能源消费的三分之一。我国在2020年的石油消费量增加了22万桶/d,为全世界唯一石油消费量增长的国家。然而,截至2020年底,我国已探明的石油储量只有35亿t,全球排名第十三位,仅占世界总量的1.5%[1]。早在2012年,瑞士银行就已经在全球石油领域现状报告中明确指出中国石油资源相对匮乏的现状[2]。虽然中国是全球五大石油生产国之一,但国内大量油田越来越贫瘠,石油的生产成本也越来越昂贵[3]。中国一些主要生产石油的企业已经决定停止开采石油,把更多的石油留在地表。中国石油化工集团(简称中国石化)的报告称,2020年其原油产量下降了约5%。中国石油天然气集团(简称中国石油)则称其石油产量在2020年前三季度下降了1.5%。据统计,中国石化和中国石油的石油产量占中国石油总产量的75%左右。中国海洋石油总公司(简称中海油)作为中国第三大石油生产商,产量也有所下降,2020年之前的几年,中海油的原油产量已快速下降。因此,截至目前,我国的大量石油消费需求均需依靠进口[4]。

　　润滑油中90%为基础油,而基础油的主要来源为石油。SBA咨询公司的市场分析人员表示,2017年开始全球润滑油需求增长率在不断上升,2012年的增长率已达0.6%[5]。Purvin & Gertz咨询公司表示,基础油的总需求量预计将从2010年的3 500万t增长到2030年的4 300万t;其中,亚洲的需求量将快速增加,2010年亚洲基础油的总需求量为1 300万t,而2030年将增长到2 000万t左右。国内的润滑油企业起步于20世纪90年代,随着中国基建投资、钢铁建材、重化工等行业的快速扩张,润滑油的需求量也在不断增加,2019年达到峰值。2009年—2019年,我国润滑油的年复合增长率达5.47%[6]。目前,中国已经成为全球第二大润滑油市场。尽管润滑油的产量在不断增加,但是随着国内需求量的增长,我国每年的石油纯进口量仍旧超过了200万t。中国石化联合会的统计数据以及海关的相关数据显示,近年来我国润滑油的产量在不断增加,具体数据如表1.1所示[7]。随着润滑油生产销售量的增长,润滑油添加剂的需求量也在不断增加,每年的消费量超过50万t,位居世界第二,但添加剂的添加比例仍然不到8%,与北美和西欧地区这些发达国家相比存在很大差距。特别是在抗氧剂以及抗磨剂上,添加比例仅达到美国的1/3和1/4[8]。分散剂、清净剂以及黏度指数改进剂的添加比例为美国的50%~70%。因此,添加比例有较大的提升空间。虽然如此,我国依然需要进口大量的润滑油添加剂,其消费量中的40%是从美国和新加坡等地进口。与此同时,我国润滑油添加剂的产品结构与欧美等国家相比也较为落后[9]。

表 1.1　2009—2013 年我国润滑油基础油表观消费量、产量与进口量对比

年　　份	表观消费量/(万 t)	产量/(万 t)	进口量/(万 t)
2015	825	581	257
2016	888	617	285

年 份	表观消费量/(万 t)	产量/(万 t)	进口量/(万 t)
2017	941	674	282
2018	880	631	260
2019	1 029	765	267
2020	1 124	875	252

* 数据来源：中国海关总署

通过对我国石油的产量、润滑油的产量以及润滑油添加剂的产销量进行分析可知，润滑油是用途十分广泛且非常珍贵的资源。但是，随着润滑油使用量的迅速增加，随之产生的废润滑油也越来越多。我国的废润滑油再生回收量很低，由于废油中含有多种化学添加剂，未经处理或不恰当处理会造成十分严重的环境污染问题。目前，国内外处理废润滑油的方法主要有以下 5 种。

（1）将废油排放到废水系统、土壤和垃圾堆中。废油进入下水道后，混合在污水中，同污水一起流入江河湖海；当废油被排放到土壤里时，微生物会分解一部分，余下的废油会被雨水冲入江河湖海，这将对土壤和水造成严重的污染。大多数润滑油中含有一些含氯、硫、磷的有机化合物以及多环芳烃的氯取代物，大部分油中还会含有重金属盐添加剂。这些化合物和添加剂均属于有毒物质，会通过各种方式对生物造成不同程度的危害，且废油进入水中后具有极强的破坏力。据统计，100 L 的废润滑油能够污染约 1.75 km^2 的水面，同时废油的排放能够造成水中大量动植物的死亡[10]。

（2）废润滑油被用作道路防尘。在容易扬起尘土的道路上洒上废润滑油（简称废油），废油和尘土黏在一起，可以有效防止尘土飞扬。在美国，废润滑油被回收后，其中的一大部分被用作道路防尘。这种方法也是有缺点的,下雨时,洒在道路上的废油会被雨水冲刷到下水道以及路边的土壤中,最后流入江河湖海,同样会污染水源和土壤[11]。

(3) 直接将废油作为燃料在燃烧炉中燃烧。人们习惯将一些废油废渣简单处理或直接放入燃烧炉中作为燃料燃烧。这种处理方法的缺点是燃烧会向空气中排放大量的有毒物质,如铅、钡、钙、锌等重金属会对人体造成非常严重的伤害。美国环保局的研究表明,人体如果接触含铅浓度为 2 mg/m³ 的空气长达 3 个月,将会产生不良反应。历史研究数据显示,如果将美国的所有废内燃机油全部燃烧,那么用于稀释氧化铅的空气每年将达到 18.7×10¹⁵ m³,否则空气中氧化铅的浓度将对人体造成一定的伤害。同样地,对含铅的废润滑油进行燃烧会产生氧化铅,而氧化铅是超微粒子。一旦燃烧炉的烟道系统中没有设置防止空气污染的工作系统,氧化铅超微粒子就会进入空气。超微粒子在空气中的半衰期为 6~12 个月,也就是说,废油燃烧后产生的废烟中含有大量的重金属氧化物微粒。尤其是氧化铅微粒,随着废烟排出,散布在空气中,沉降速度非常慢,经过一年,空气中的氧化铅微粒只能减少 50%,而剩下的 50% 则消失得更慢。因此,直接将废油作为燃料在燃烧炉中燃烧虽然能够带来经济上的利益,但会对环境造成非常大的危害,付出较大的环境代价,不能被广泛使用[12]。

(4) 废油经过脱重金属处理后再作为燃料使用。废油可以通过化学方法处理去除其中的重金属成分。所谓化学方法是指将化学试剂添加到废油中,废油中的重金属会生成相应的固体化合物,这些化合物中有既不溶于水又不溶于油的性质(如各种不溶性的硫酸盐以及磷酸盐),再经过过滤去除。经过有效处理后得到的废油是可以作为燃料使用的[13]。

(5) 从废润滑油中提取基础油,将再生基础油进行循环利用。据统计,1 加仑(3.8 kg)废轧制油可以污染 100 万加仑(3.8 万 t)的饮用水。但是,如果废油经过了适当处理,则可以转化为非常宝贵的资源。与用石油精炼出轧制油不同的是,废轧制油具有极强的再生潜力。1 加仑

(3.8 kg)废轧制油可以精炼出 2.3 kg 的基础油。相比之下,48 加仑(182.4 kg)的原油才可以提炼出相同质量的基础油[14]。在许多发达国家,再生废油的规模逐渐扩大。规模越大,相对的产率就越高,从而成本就越低;同时,也因为规模大,现代化的生产技术与设备也更加适用。废油再生逐渐受到各国的重视。1975 年,欧洲共同体发布了命令,规定所有的废润滑油必须进行回收再利用,德国也持续补贴废油再生行业。1975—1980 年,美国开始发布支持废油再生的法律,改变了再生废油行业萧条的现状。至此,各国均认识到废油再生对国家经济、社会、环境有着重要的意义,故而在政策上开始支持保护废油再生行业,同时开展环境友好型工艺的开发[15]。

1.2　国内废润滑油处理现状

我国的石油资源非常紧缺,因此,将废轧制润滑油进行回收再利用,既能减少污染,又能带来经济效益。我国一直以来都非常提倡和支持废油回收再利用,且专门制定了一些政策及法规。废润滑油属于我国制定的《国家危险废物名录》中的第八类,被包含在"HW08 废矿物油"系列中。

《废润滑油回收与再生利用技术导则》(GB/T 17145—1997)(简称《导则》)由国家技术监督局于 1997 年批准,并于 1998 年实施[16]。该《导则》对废润滑油进行了分类和分级,并对企业废油的回收与管理给出了指导性意见,尤其是"严禁各单位及个人私自处理和烧、倒或掩埋废油"。在环保方面,针对废油再生厂,仅简单提出了"具有符合要求的三废治理设施和安全消防设施。对生产过程中排放的废气、废水、废渣的处理要符合 GB 16297、GB 8978 及其他相应环保要求。严禁对环境的二次污染""废油再生厂在生产过程中所产生的废渣、废液等,应进行综合利用,不能综合利用的应按环保部门规定妥善处理,达标排放"等要求。

在 1998 年 7 月 1 日发布并实施的,由国家环保总局、国家经贸委、外经贸委和公安部联合制定的《国家危险废物名录》(简称《名录》)中,已将废矿物油收录。该《名录》规定,废矿物油(HW08)包括废车用润滑油、原油、液压油、真空泵油、柴油、汽油、重油、煤油、热处理油、樟脑油、润滑油(脂)、冷却油等。在我国,废矿物油被认定为一种危险废物,其在生产、分类、贮存、运输、处置等各环节均必须符合有关法规和规定。但与此同时,一些法律和法规也明确指出,废矿物油是可再生和综合利用的资源,研究开发废矿物油和其他废物综合利用的新技术、新工艺等,都将受到国家的鼓励和支持。

1998 年开始实施的《中华人民共和国节约能源法》(中华人民共和国主席令第 90 号),在国家层面为废油的再生工作提供了法律保障,如"国家鼓励开发、利用新能源和可再生能源""本法所称能源,是指煤炭、原油、天然气、电力、焦炭、煤气、热力、成品油、液化石油气、生物质能和其他直接或者通过加工、转换而取得有用能源的各种资源"。

2001 年由环保部发布的《危险废物污染防治技术政策》(环发〔2001〕199 号),将废矿物油和废电池、废日光灯管、生活垃圾焚烧飞灰、含多氯联苯废物、医院临床废物(不含放射性废物)六类一起归为特殊危险废物。其中,"鼓励建立废矿物油收集体系,禁止将废矿物油任意抛洒、掩埋或倒入下水道以及用作建筑脱模油,禁止继续使用硫酸/白土法再生废矿物油""矿物油的管理应遵循《废润滑油回收与再生利用技术导则》等有关规定,鼓励采用无酸废油再生技术,采用新的油水分离设施或活性酶对废油进行回收利用,鼓励重点城市建设区域性的废矿物油回收设施,为所在区域的废矿物油产生者提供服务"。

2004 年国务院令第 408 号发布的《危险废物经营许可证管理办法》,更是对废矿物油的收集活动做出了明确规定。"危险废物经营许可证按照经营方式,分为危险废物收集、贮存、处置综合经营许可证和危险废物收集经营许可证";"领取危险废物收集经营许可证的单位,只能从事机动车维修活动中产生的废矿物油和居民日常生活中产生的废镉镍电池的危险废物收集经营活动";"领取危险废物收集经营许可证的单位,应当与处置单位签订接收合同,并将收集的废矿物油和废镉镍电池在 90 个工作日内提供或者委托给处置单位进行处置"。截至 2008 年底,全国加工利用废润滑油的企业具有环保部门颁发的《危险废物经营许可证》的,共有357 家,其中环保部颁发的有 3 家,其余为各省级环保部门颁发。

对废弃物进行回收和综合利用是我国一项重大的技术经济政策。国家发改委、财政部、税务总局于 2004 年联合颁布了《资源综合利用目录》(简称《目录》),明确指出废油是可再生和综合利用资源,研究开发废油和其他废弃物综合利用的新技术、新工艺将受到国家的鼓励和支持。该《目录》第 20 条规定:"从含有色金属的线路板蚀刻废液、废电镀液、废感光乳剂、废定影液、废矿物油、含砷含锑废渣提取各种金属和盐,以及达到工业纯度的有机溶剂。"然而,该条例虽然将废矿物油作为可再生资源列入其中,却没有明确指出废矿物油的再生方向,一定程度上将影响废矿物油再生利用的合法企业享受政策规定的财政税收优惠。另外,该《目录》将废矿物油作为"废水(废液)"分类,而在我国此前颁布的《国家危险废物名录》中,已经明确了废矿物油是一种危险废物。

2020 年修订的《中华人民共和国固体废物污染环境防治法》对固体废物产生、收集、运输、处置、利用等过程均做出了明确规定。"产生危险废物的单位,应当按照国家有关规定制订危险废物管理计划;建立危险废物管理台账,如实记录有关信息,并通过国家危险废物信息管理系统向所在地生态环境主管部门申报危险废物的种类、产生量、流向、贮存、处置等有关资料";"产生危险废物的单位,应当按照国家有关规定和环境保护标准要求贮存、利用、处置危险废物,不得擅自倾倒、堆放";"从事收集、贮存、处置危险废物经营活动的单位,应当按照国家有关规定申请取得经营许可证。许可证的具体管理方法由国务院制定";"转移危险废物的,应当按照国家有关规定填写、运行危险废物电子或纸质转移联单";"运输危险废物,应当采取防止污染环境的措施,并遵守国家有关危险废物运输管理的规定"。

2013 年 12 月 12 日由财政部和国家税务总局发布的《关于对废矿物油再生油品免征消费税的通知》（财税〔2013〕105 号）规定，"纳税人利用废矿物油生产的润滑油基础油、汽油、柴油等工业油料免征消费税"，应符合"纳税人必须取得省级以上（含省级）环境保护部门颁发的《危险废物（综合）经营许可证》，且该证件上核准生产经营范围应包括'利用'或'综合经营'字样""生产原料中废矿物油重量必须占 90％以上，产成品中必须包括润滑油基础油，且每吨废矿物油生产的润滑油基础油应不少于0.65 t""利用废矿物油生产的产品与利用其他原料生产的产品应分别核算"[17]。

在地方层面，部分地方针对废矿物油的收集和利用出台了一些规定。北京市固体废物处理中心于 2003 年下发了《关于加强对废矿物油处置管理的通知》（京环保固字〔2003〕79 号）。该通知要求各产生废矿物油单位必须依据《中华人民共和国固体废物污染环境防治法》，将产生的废矿物油送交有危险废物经营许可证的单位集中处置，且转移前需到市环保局申报危险废物转移计划，待计划批复后再行处理。如违反规定，产废单位将废矿物油随意买卖、作为燃料使用，甚至随废水排放等，都将依照《中华人民共和国固体废物污染环境防治法》给予一定的处罚。天津市为进一步规范天津市港口船舶废油、含油污水接收处理经营市场，天津市交通委员会、天津市环保局、天津市海事局、天津市出入境边防检查总站 2005 年10 月联合下发了《天津市港口船舶废油、含油污水接收处理管理办法》（津交委港〔2005〕90 号）。上海市签发了政府令，责令环保、工商、卫生、公安、市容五部门按各自职责管理废矿物油，五部门联合颁发了有具体管理规定内容的通告。山西省环保局 2008 年颁发了《关于加强废矿物油环境管理的通知》。湛江市 2009 年 1 月颁发了《关于加强废矿物油危险废物环境管理工作的通知》（湛环函〔2009〕8 号）。陕西省 2010 年 7 月颁发了《关于开展废矿物油环境管理专项检查的通知》（陕环函〔2010〕

467 号)。宝鸡市 2012 年 5 月颁发了《关于进一步加强和规范全市危险废物环境管理与经营活动的通知》(宝市环发〔2012〕47 号)。

目前,国家正在大力鼓励废油回收再利用项目,如和兴集团以及天津渤海的加氢无污染再生工艺,每年可再生废油达 30 万 t[18];新疆福克有限公司早在 2007 年就通过了废润滑油再生工艺的中试,再生后的油品质量可达到国家标准[19];2013 年,河北省三兴化工有限公司的废润滑油项目正式投入建设,该公司采用"蒸馏-提纯-加氢"工艺技术,年产量为 50 万 t[20]。但是,目前中国的废油回收再利用市场还不够明朗,废油再生前景仍然十分严峻。根据相关文献的报道,国内大部分的废油再生工艺均为高温裂解,产物为燃料油或柴油,虽然降低了润滑油的质量,但由于生产工艺以及操作的不规范,极易对环境造成严重的二次污染。废油的价格也会因为非常规竞争而持续偏高,这种情况导致一部分大公司的废润滑油回收再利用工艺得不到充足的原料,不能实现正常的运行。总而言之,中国的废油再生利用还需要长期的发展和建设[21]。

1.3　国外废润滑油再生现状

早在 20 世纪 40 年代,意大利等国家就已经开始注意到废润滑油再生的问题,并制定了与之相关的政策以及法律法规,以鼓励、规范、完善废润滑油的回收再利用。美国是全球范围内最早开展废油回收再利用的国家,且美国的废油再生率也是最高的,其利用各种各样的优惠政策去鼓励废油回收再利用,如税收等;通过了《废油循环法》等法律法规,要求强制执行。在 20 世纪 90 年代,美国建立了第一家废油再生厂,其再生能力为每年 30 万 t。美国政府为了使废油再生的市场更加规范,制定了行业标准政策,使再生燃料的标准更加规范,从而限制了柴油的市场,最终推动了废润滑油再生行业的发展[22]。德国在 1968 年正式通过了《德意志联邦废油法》,规定了废油为毒性物质,严禁随意抛弃,紧接着成立了废油基金,专门给予废油回收再利用行业以及焚烧废物公司一些补助。与此同时,政府还规定,用户产生废油后,必须无条件上交废油,之后废油被专门人员无偿运走。德国和意大利大力促进废油再生行业的发展,离不开完善的政策和政府补贴。总之,废油再生行业的良性循环要以政府出台的相关政策、行业规范以及市场配合为前提[23]。1975 年,法国开始制定增加税收的相关法律法规,以用于对废润滑油的回收再利用。不久,德国开始增加用于交通润滑油的附加税,每吨增加了 7.5 马克,以支持废油回收再利用。欧盟在 2008 年通过了废物的相关管理条例,增加了废润滑油回收再利用的力度,指出从废润滑油中精制出基础油的方法比燃烧等用途要更加环保经济,随后在 2010 年正式开始执行相关法律法规条例中规定的事项[24]。

1.3.1 欧美国家

美国作为世界上最早利用再生废矿物油的国家,其再生油的产量及再生的比率也曾是世界最高。尽管美国石油资源丰富,但其仍把废矿物油作为一种宝贵的财富进行保护和利用。美国对废矿物油的管理主要如下。① 严格管理废矿物油的产生者和收集者,详细记录废矿物油的产生、收集和处理情况。出台相关环保规定,严格限制废矿物油的丢弃和焚烧,增大丢弃和焚烧废矿物油的成本,使再生废矿物油在经济上更有竞争力。② 免除再生油每加仑 6 美分的税,同时增加再生企业的信贷,提升再生企业的竞争力。③ 再生油价格一般高于其他矿物油,但联邦政府仍优先使用再生油。通过试验评定,美军修改了战术车辆和后勤车辆用油规格,取消禁止使用再生油的规定,增加可以使用再生油的条款。④ 联邦标准局、能源部以及民营研究机构,开展了许多研究工作,开发环保节能新工艺,并提出相应的规格标准及分析测试方法[25]。

以加利福尼亚州为例,目前该州废油回收率约为 70%,州内设有

5 000 个废油收集中心、14 个废油中转站以及 3 个回收再利用企业。同时，州政府开展了以下三方面的工作。① 制定政策法规，加强废矿物油从收集到处理处置全过程中的管理；对收集单位进行认证，保证废矿物油的有效回收和合理处理利用；政府对回收单位进行资金鼓励，以刺激废矿物油的回收。② 加强宣传教育，提升公众回收废矿物油的意识是做好回收工作的关键。③ 成立基金会，推广废矿物油回收服务工作。该基金会的基金很大一部分来自成品油生产厂家，即成品油生产商需要支付每加仑 26 美分的资金给油品基金会。对于加利福尼亚州的废矿物油再炼制企业，如 Evergreen Oil 公司，其与废矿物油回收单位签订协议，根据废矿物油的品质给予相应费用以保证原料的来源。

德国针对废油的回收与再生采取的具体措施如下。① 政府对废矿物油从收集到处置利用全过程进行严格规定，对废矿物油收集单位进行资质认证，保证废矿物油的有效收集和合理处置利用。鼓励推广将废矿物油进行再炼制，而非将废矿物油直接用作燃料。② 政府对回收单位提供回收奖励资金；并通过加强宣传教育，提升公众回收利用废矿物油的意识；成立基金会，推广废矿物油的收集服务工作；与再生企业和废矿物油收集单位签订协议，保证原料来源。③ 完善税收和法律，如 1994 年，政府颁布了相关法律，对企业产生的废矿物油交给专业收集单位回收实行强制规定；2002 年，政府制定了管理废矿物油的特别法律 Altölverordnung。④ 由再生企业成立专门的废矿物油回收公司，根据市场原则对废矿物油进行回收，如 Puralube 公司的废矿物油原料主要来自子公司 Baufeld。该公司收集的废矿物油一半来自德国国内，另一半来自德国周边国家；每年能够收集废矿物油 15 万 t，其中 50% 是废机油，价格约为 200 欧元/t。目前，德国的废油回收率在 70% 左右。

早在 1940 年，意大利就制定了废矿物油收集和再生的管理法律，强制回收废矿物油，并优先再生为基础油；1962 年又去除了废矿物油再生企业 75% 的产品税，废矿物油再生行业得到迅猛发展，再生公司增加到

13家,总产量每年达21万t,其中,3家已采用无污染再生工艺。目前,意大利的废矿物油回收率约为53%,其废矿物油的回收主要由意大利废矿物油回收协会负责,该协会由私人创办,受意大利政府部门监管。同时,该协会在意大利共设80个废油回收点,由500~700名回收人员组成(包含运输人员)。废矿物油产生单位电话通知附近废矿物油收集点的员工上门回收和运输,产生单位不支付费用,废矿物油再生单位以150欧元/t的价格从回收协会获取资金。

加拿大在《环保及增强法》中推出了"润滑油再生和管理法"(Alberta Regulation 227/2002),规定建立废润滑油回收管理基金。同时,加拿大联邦政府法令规定,任何单位和个人购买新机油时,应上交废弃的机油,并需要向废油回收点缴纳0.4加元/加仑的处理费,否则就无法购买到新机油。加拿大还成立了废油管理协会,其中5个省有废油回收协会,其成员主要由润滑油批发商和一级销售商构成。《废油管理协会计划》最初由加拿大石油学会联同那些没有隶属关系的润滑油生产商共同提出并推进。该计划中,生产者对其产生的废油可以免除财政负担,这部分费用可直接由用户通过"生态费"机制负担。以阿尔伯达省为例,省级废车用润滑油管理协会依据废油回收管理法制定了实施细则,其计划的主要内容是"第一售货员"责任计划,即在汽车润滑油的销售过程中收取环境管理费,用于废油的处理。现行的费率为每个小滤器50加分,每个大滤器1加元,每L油5加分,20 L以内的盛油容器5加分/L,遵循使用者付费的原则。该计划已被加拿大政府视为全国的样板,很多国家纷纷前往学习该计划的经验。由加拿大政府制定的《废油管理和回收计划》中,用量小的用户可以把可回收的废油交到最近的公共回收中心——生态中心(Eco-Centers),其位于加拿大西部,设有1 000多个经注册的废油回收仓库,且大多为私营。加拿大西部是废油回收做得比较好的地区,其新油销售量每年约$3.07×10^9$ L,收集量为1.44亿L,收集的废润滑油再加工占润滑油销量的近一半,达47%。加拿大目前有2个再生润滑油基础油公司,即 Safety-Kleen Canada 公司和 Newalta 公司[26]。

英国 1975 年也发布了《废油指令》,并在 1987 年进行了修订,该指令要求再生者优先考虑再生为燃料。英国没有一个正式的由政府激励的废油回收计划,其废油的回收和处理完全受市场活动的影响,依靠废油产生者与受许可的废油处理者之间的契约来完成。2005 年底前,英国的废油主要用作燃料或用于道路,但 2005 年 12 月 28 日英国政府要求执行《废弃物焚烧法令》,鉴于目前形势,原发布的《废油指令》提议要取消。发电厂停止使用由废油再生而来的炉用油,废油需另找出路,一部分作为钢厂的还原剂,另一部分作为混凝土黏结剂,也有部分被欧盟回收,这也使得在英国建立再生装置成为可能。

法国在 1979 年出台废油管理办法鼓励废油的回收和热处理,1992年立法要求建立地区性危险性危害物管理办法。目前,法国有 52 家许可的废油回收公司,2002 年这些回收公司可以从"法国环保和节能机构"获得 74 欧元/t 的处理费,这些费用来自征得的污染税,目前润滑油的废油税为 38 欧元/t[27]。

1.3.2　中国周边国家

1971 年,日本发布了《废弃物处理法》,把废矿物油视为其中的一种废弃物进行管理。1980 年以后,日本政府的环保政策逐步由污染治理向可持续发展转变,于 2000 年 6 月颁布《建设循环型社会基本法》,由国家、地方政府、企业和公众共同承担责任。据统计,2007 年日本润滑油年销售量为 1.94×10^9 L,除使用过程的消耗外,产生 51% 的废润滑油。其中,13% 的用户自行再生利用或作为燃料(公共浴场及农业暖房用)烧掉,20% 焚烧处理,27% 用于再生基础油,1% 用于再生润滑油。由此可知,日本国内的废润滑油大部分作为燃料利用(包括焚烧利用热值、作为燃料的再生基础油等),而作为再生润滑油的利用很少。

韩国早在 1992 年就已经察觉对废弃物进行减量化和再生利用具有

重大的经济意义。随后,韩国政府颁布了《废弃物预付金制度》,规定产生废矿物油的企业必须对其进行回收利用,如果不能按要求完成,将受到罚款。目前,在首尔的 Dukeun 公司与 Interline 公司合作建有一套 2.7 万 t 的废矿物油再生装置。

泰国目前在废矿物油收集、处理方面还没有专门的法规,只有 2 个相关法规《危险物质法》和《燃油储存法》,前者规定工业设施中储存的废润滑油不允许超过 20 kg 或 20 L,后者规定润滑油服务站必须按照不小于 400 L 的地下储罐来储存废发动机油。在曼谷,通常有独立经营的回收商回收废车用油,同时有大量的回收商直接回收工业废油,回收的废矿物油通过中间商卖给再生厂。其中,7%~10% 的中间商从独立回收商中购买废矿物油。独立回收商回收的废矿物油价格为每 200 L 100~200 泰铢/(200 L),中间商以 1.0~2.0 泰铢/L 买进废矿物油,预处理后,以 5.0~8.0 泰铢/L 的价格卖给基础油再生厂。目前,泰国只有小规模的酸-白土精制的再生基础油厂。

新加坡环保服务商凯发(Hyflux)公司近期宣称,将分别与越南、菲律宾达成合作协议,在其国家建立油品循环应用工厂。菲律宾的工厂位于卡拉卡(Calaca)附近,越南的工厂建于河内,上述 2 个工厂都将利用凯发(Hyflux)公司的薄膜回收废油技术,预计每年通过回收利用 1.2 万 t 废油来生产润滑油基础油。

截至目前,工业化的废油回收再利用大多采用的是加氢精制工艺。Puralube 公司作为德国的废油再生企业,已经有 6 家废油再生工厂,均分布在亚太地区,其产能总量可达 19 万 t,同样都采用了加氢精制工艺。芬兰在 2009 年 5 月正式投产了年产 6 万 t 的废油再生设备。2009 年,Kline 公司的调查报告中指出,这一年全世界再生基础油的总量已经达到 160 万 t,其中最多的是西欧,高达 43%,其次是北美,可达总量的 24%,之后是亚洲,约占 13%,接下来是南美,占 11%,剩余的 9% 是其他一些国家[28]。

参考文献

[1] British Petroleum. BP statistical review of world energy 2018 [R]. Londres, 2018.

[2] 李子星,张永战,夏非,等.非洲对我国石油进口安全的作用趋势分析[J]. 中国能源,2016,38(6): 14 - 18.

[3] 舟丹.中国石油产量可能已达顶峰[J].中外能源,2016,21(6): 87 - 92.

[4] 戴钧樑,戴立新.废润滑油再生[M].4 版.北京:中国石化出版社,2007.

[5] LAM S S, RUSSELL A D, LEE C L, et al. Microwave-heated pyrolysis of waste automotive engine oil: Influence of operation parameters on the yield, composition, and fuel properties of pyrolysis oil[J]. Fuel, 2012, 92 (1): 327 - 339.

[6] 唐建伟,吴克宏,刘宇,等.膜分离应用于废润滑油再生工艺研究[J].能源 研究与信息,2007,23(2): 75 - 79.

[7] HU G, LI J, HOU H. A combination of solvent extraction and freeze thaw for oil recovery from petroleum refinery wastewater treatment pond sludge [J]. Journal of Hazardous Materials, 2015, 283: 832 - 840.

[8] QIN H, MA J, QING W, et al. Shale oil recovery from oil shale sludge using solvent extraction and surfactant washing [J]. Oil Shale, 2015, 32 (3): 269 - 287.

[9] ANI I, OKAFOR J, OLUTOYE M, et al. Optimization of base oil regeneration from spent engine oil via solvent extraction[J]. Advances in Research, 2015, 4(6): 403 - 411.

[10] BOTAS J A, MORENO J, ESPADA J J, et al. Recycling of used lubricating oil: Evaluation of environmental and energy performance by LCA [J]. Resources Conservation and Recycling, 2017, 125: 315 - 323.

[11] HASSANAIN E M, YACOUT D M M, METWALLY M A, et al. Life cycle assessment of waste strategies for used lubricating oil [J]. International Journal of Life Cycle Assessment, 2017, 22(8): 1232 - 1240.

[12] HAMILTON S F, SUNDING D L. Optimal recycling policy for used lubricating oil: The case of california's used oil management policy[J]. Environmental & Resource Economics, 2015, 62(1): 1 - 15.

[13] 李雪梅,刘守庆,徐娟,等.硫酸催化制备橡胶籽油生物柴油工艺及脱色研究[J].中国油脂,2013,38(5):56-59.

[14] 张晓光,祁建权.活性白土活化工艺及性能的研究[J].石油化工应用,2006(6):21-23.

[15] GONG Y, GUAN L, FENG X, et al. Low-temperature dielectric spectroscopy characterization of the oxidative degradation of lubricating oil [J]. Energy & Fuels, 2017, 31(3): 2501-2512.

[16] 国家标准化管理委员会.废润滑油回收与再生利用技术导则:GB/T 17145—1997[S].北京:中国标准出版社,1997.

[17] 关于对废矿物油再生油品免征消费税的通知[EB/OL]. http://www.mof.gov.cn/pub/shuizhengsi/zhengwuxinxi/zhengcefabu/201312/t20131225_1029010.html.

[18] AREMU M O, ARAROMI D O, GBOLAHAN O O. Regeneration of used lubricating engine oil by solvent extraction process[J]. International Journal of Energy and Environmental Research, 2015, 3(1): 1-12.

[19] PINHEIRO C T, QUINA M J, GANDO-FERREIRA L M. New methodology of solvent selection for the regeneration of waste lubricant oil using greenness criteria[J]. ACS Sustainable Chemistry & Engineering, 2018, 6(5): 6820-6828.

[20] SALEM S, SALEM A, BABAEI A A. Preparation and characterization of nano porous bentonite for regeneration of semi-treated waste engine oil: applied aspects for enhanced recovery [J]. Chemical Engineering Journal, 2015, 260: 368-376.

[21] SAFIDDINE L, ZAFOUR A H Z, FOFANA I, et al. Transformer oil reclamation by combining several strategies enhanced by the use of four adsorbents [J]. IET Generation Transmission & Distribution, 2017, 11 (11): 2912-2920.

[22] MANAHAN S E. Industrial ecology: environmental chemistry and hazardous waste[M]. New York: Routledge, 2017.

[23] HUSSEIN H Q, ABDULKARIM A L. A study of parameters affecting the solvent extraction-flocculation process of used lubricating oil [J]. Journal of Engineering, 2017, 23(6): 63-73.

[24] PRABAKARAN B, ZACHARIAH Z T. Production of fuel from waste engine oil and study of performance and emission characteristics in a diesel engine[J]. International Journal of ChemTech Research, 2016, 9(5): 474 - 480.

[25] Office of Oil and Natural Gas Office of Fossil Energy U. S. Department of Energy. Used oil re-refining study to address energy policy act of 2005 section 1838: 6 - 1[S]. www. fossil. energy. gov/epact/used-oil-report. pdf.

[26] 英国和加拿大废润滑油收集世界领先[EB/OL]. http://www. feiyous. com/Article/Show A rtiele. asp.

[27] Waste strategy 2007[EB/OL]. http://www. oilbankline. org. uk/oilcare-campaign. asp.

[28] ADEYEMI A F, ADEBIYI F M, KOYA O A. Evaluation of physico-chemical properties of re-refined lubricating oils obtained from fabricated packed bed reactor [J]. Petroleum Science and Technology, 2017, 35(16): 1712 - 1723.

第 2 章
废润滑油的产生及性质

废润滑油的成分复杂,结构繁多,性质多样。本章主要介绍废润滑油产生的原因及其性质。

2.1 废润滑油的来源

废润滑油并不是废油,废润滑油中真正变质的只是百分之几。对废润滑油的分析研究表明,废润滑油中的杂质成分仅占 1‰~2.5‰,其主体仍为基础油。润滑油在机器中长期高速运转,在高速运转产生的高温与漏入空气的共同作用下氧化,部分基础油和添加剂变质失效或受到外界污染物的污染,失去了正常润滑油的作用,润滑油的部分理化性能指标超出正常范围,最终变成废油而被换下。润滑油的变质劣化是一个非常复杂的过程,在这个过程中,部分基础油被氧化降解而变质、添加剂被消耗而变质,主要是由于机器设备长期运转温度高加上空气的氧化作用,部分基础油和添加剂发生氧化降解、异构化以及聚合反应,形成酸性氧化物、胶质沥青质等[1]。沥青质的形成如图 2.1 所示,另外还有机械运转部位摩擦产生的金属碎屑颗粒、其他部位的磨粒、混入油中的水分、来自外界的尘土等杂质混入等。它们不仅污染了润滑油,还加快了润滑油的氧化变质,使润滑油的颜色逐渐变深,并产生胶质、沥青质和沉淀杂质等变质物质,导致润滑油劣化失效,更严重的是会逐渐形成油泥,油泥在废油中严重影响润滑效果与机器的散热,对机器设备尤为不利[2]。因此,变质失效后的润滑油不仅会失去润滑作用,还会对机器设备造成一定的危害,需要及时更换掉变质严重的润滑油,从机器中更换下来的润滑油被当成废油处理。

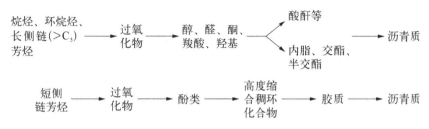

图 2.1　沥青质形成过程

润滑油变质的原因主要分为如下五类[3-4]。

(1) 被外来杂质污损。

润滑油在系统使用过程中,最容易被各种机械杂质弄脏,这些杂质有金属屑末、灰尘、砂粒、纤维物质等。主要是由于摩擦机件上磨掉下来的金属粉末落入油中,或是由于系统和机器外壳封闭不严,灰尘、砂粒浸入油中。

(2) 被水分浑浊。

油料在机械设备中工作时,常有水分渗入,这是由于各种机械设备的润滑系统、液压传动系统、水冷却装置不够严密,水分流入油中。此外,空气中的水分也能够被油吸收。

(3) 热分解。

当油料和机械设备的高温部件接触时,如处在发动机燃料的燃烧区域,油料与赤热的金属直接接触,油料发生热分解(裂化),会产生胶质和坚硬的焦炭。

(4) 氧化。

油料在系统使用过程中发生的化学变化主要来源于空气中氧气的作用。油料在设备中工作时,油温的增加、接触时间的增长、接触面积的加大、与空气接触压力的增大等因素,均会使油的氧化程度加快和加深,从而使油料的颜色变暗,黏度增加,酸值增大而变质。

(5) 被燃料油稀释。

汽车润滑油、航空润滑油,在各种内燃机工作的过程中,由于部分燃料油(汽油、柴油)没有完全燃烧而渗流到润滑油,逐渐稀释润滑油,使润滑油的闪点、黏度降低而失去应有的润滑性能。

2.2　废润滑油的分类

1) 内燃机润滑油

内燃机润滑油油包括汽油机油、柴油机油,其用量约占润滑油总量的一半,主要起润滑减摩、防腐防锈、辅助冷却、清洗杂质、密封的作用。为此,要求机油具备良好的抗摩性、酸中和性、黏温性、清净分散性。其中,清净分散性是关键,汽缸高温部位沉积的氧化物反复受热变硬形成积炭,使汽缸燃烧室容积减小,压缩比增大,高压下出现爆震的概率加大,导致发动机稳定性下降,寿命缩短。因此,机油必须具备良好的清净分散性,才能将吸附在汽缸中的烃类不完全燃烧产物清洗下来并均匀分散于机油中,从而将发动机损耗降到最低。

2) 齿轮油

齿轮油主要用于各类齿轮传动机件中,以达到润滑、防磨、防锈、散热的目的。因齿轮负荷大多高于 490 MPa,齿轮油中常加入 S‑P 型或 S‑P‑N 型极压抗磨添加剂来降低因油膜破裂而产生齿面磨损的可能性。

3) 液压油

在液压系统中将某点的力传递到其他部位的液压介质称为液压油,起能量输送、润滑减磨、防腐、冷却等作用。在机械不断搅动下,液压油应具备良好的黏温性及抗泡性,以确保在工作温度变换时依然能够稳定地传递动力,保证产生的泡沫易于消散,以避免液压元件出现非正常润滑。

4) 汽轮机油

汽轮机油常用于发电厂蒸汽轮机、水电站水轮发电机等需要深度精制润滑油的高速机械润滑系统中。因工作环境的特殊性,汽轮机油长时间与空气和蒸汽接触,易被氧化生成酸性物腐蚀金属部件,且在使用期间水分不可避免地渗漏进机组悬浮于油品中。因此,相较于其他润滑油,汽轮机油具备良好的氧化稳定性。

5) 电器绝缘油

电器绝缘油主要由深度精制基础油加入抗氧剂调合而成。在设备的电场作用下,油品长期受热,为确保油品能够顺利导出热量且发挥良好的绝缘性,电器绝缘油常具备杰出的黏温性、氧化稳定性及低介质损失。

除上述列举的润滑油类型外,还有热处理油、仪表油、真空泵油、压缩机油等用于特定场合的润滑油[5-7]。

2.3　废润滑油的性质

1) 黏度[8]

黏度为流体流动力对其内部摩擦的现象,是反映油品油性和流动性的重要指标。在不添加其他添加剂的前提下,黏度越大,流动性越差。黏度指数这一性质参数指标指油品发生温度变化时对黏度的影响程度,润滑油的黏度指数越大,则说明油品的黏度随温度变化的影响越小,其黏温性能越好,反之越差。这可以避免在机械运转过程中,当运行温度过高时,润滑油黏度过低,在机械表面的黏附性变差,从而影响接触面油膜的产生,进而影响润滑性能,以及低温运行时黏度过高影响油路的正常流通。为了保证良好的润滑,希望黏度随温度的变化尽可能小一些,黏度与温度的关系就叫作黏温性质。油的黏温性质有 2 种表达方法,黏度比与黏度指数(viscosity index,VI)。黏度比是油的 50 ℃运动黏度与 100 ℃

运动黏度的比值,黏度比越小,黏温性质越好,但油的黏度越低,黏度比就越小,因此并未得到广泛应用。黏度指数不受油品黏度大小的影响,与化学组成有关。因此,基础油分类已经改为按照黏度指数来表示[9]:很高黏度指数(VI≥120);高黏度指数(90≤VI≤120);中黏度指数(40≤VI≤90);低黏度指数(VI<40)。

在 40 ℃和 100 ℃下,按照《石油产品运动黏度测定法和动力黏度计算法》(GB/T 265—1988)以测算废润滑油的黏度,之后再通过《石油产品黏度指数计算法》(GB/T 1995—1998)得出废润滑油黏度指数。

另外,黏度与压力也有关系,一般在 10~20 MPa 下,黏度增大不多,但在呈线接触、点接触并承受较大载荷的 2 个零件间,其摩擦面之间的黏度大幅上涨,边界润滑性能显著下降。

2) 灰分

对于某些非添加剂或基础油而言,其能够被用于指示油品的精制程度,灰分的含量越小越好。对于加有金属盐类添加剂的油品,灰分就成为定量控制添加剂加入量的手段,油品中灰分的含量是极少的,一般为万分之几甚至是十万分之几。但对于成品油,因加入的添加剂中一般含金属元素,灰分含量将增大。润滑油灰分是在规定条件下完全燃烧后的残余物,其成分主要为金属氧化物和金属盐[10]。由于试验所测油品为用过的含铅的废润滑油,其不适用于《添加剂和含添加剂润滑油硫酸盐灰分测定法》(GB/T 2433—2001),故按照《石油产品灰分测定灰分》(GB/T 508—1985)测定废润滑油灰分。具体方法如下:取适量废润滑油,加入经煅烧、干燥预处理的坩埚中,加热并点燃油品,使其燃烧至残渣,之后将坩埚置于775 ℃左右马弗炉中煅烧 1.5~2 h,称重并计算,即

$$\mathrm{ASH} = \frac{G_1}{G} \times 100\% \qquad (2-1)$$

式中,ASH 为灰分含量;G_1 为灰分质量,g;G 为试样质量,g。

3）色度

润滑油的颜色通过分光光度计进行测量。一般可测定 440 nm 处的吸光度，用来对比油品吸收的颜色量，从而确定哪个样品去除颜色效果最好。

4）水分

水分为润滑油中所含水量占油品总体积的百分数，通常指的是重量百分数。水分能够使油膜受到破坏，进而使润滑效果变差，并辅助有机酸增强对金属零件的腐蚀程度。废润滑油的水分依据《石油产品水分法》（GB/T 260—1977）进行测定。

5）残炭

残炭为在规定的操作条件下，对油品进行加热并使其蒸发，当油品发生分解时所剩余的物质。对于润滑油基础油，残炭是可被用于判断其精制深度和重要性质的参数指标。在润滑油中，能够产生残炭的成分有胶质、沥青质以及多环芳烃。这些物质在缺氧的条件下，受热分解、缩合形成残炭，精制深度越深，残炭值越小。废润滑油的残炭依据《石油产品残炭测定法（电炉法）》（SH/T 0170—1992）进行测定。

6）酸值

酸值是表征润滑油中酸性物质含量的指标，单位为 mg KOH/g。润滑油在变质过程中氧化生成含酸性物质，进而腐蚀机械，影响润滑油性能。酸值的高低在一定程度上可表征废润滑油变质程度的强弱，依据《石油产品酸值测定法》（GB/T 264—1983）进行测定。

7）闪点

油品组分越重，蒸发性越小，其闪点也越高；反之，组分越轻，闪点相对越低，蒸发性也越大。闪点是表征油品蒸发性能的重要参数指标。废润滑油的闪点依据《石油产品闪点与燃点测定法》（GB/T 267—1988）进行测定。

8）凝点

凝点为在一定的操作条件下使油品降温冷却并停止流动的最高温

度,是润滑油低温流动性的重要指标。废润滑油的凝点依据《石油产品凝点测定法》(GB/T 510—1983)进行测定。

9) 机械杂质

机械杂质为在润滑油中不与苯及汽油等溶剂相溶的物质。杂质的主要成分为金属、砂土和润滑油添加剂中含金属的某些有机盐等。低于0.005%是其在基础油中的含量控制范围,此时认为机械杂质含量为痕量。向试样中加入一定量溶剂使其溶解来检测机械杂质含量 $X[\%(m/m)]$,将混合液经过滤留于滤纸上的物质烘干,所得杂质即机械杂质,依据《石油产品和添加剂机械杂质测定法》(GB/T 511—1988)进行测定。

10) 密度

随润滑油组分中硫、碳以及氧含量的增加,其密度也将随之变大,故当润滑油具有相同相对分子质量或黏度时,所含烷烃多的润滑油密度较小,含环烷烃多的居中,含沥青质、胶质与芳烃较多的较大。废润滑油的密度依据《原油和石油产品密度测定法(U形振动管法)》(SH/T 0604—2000)进行测定。

11) 抗氧抗腐蚀性

润滑油在使用过程中变质的主要原因是氧化,氧化产生胶质、沥青质、酸、醛、酮、醇、酯-内酯、醇酸、过氧化物、氢过氧化物。其中,沥青质与醇的缩合产物沉淀出来,余下的则溶解在油中,氢过氧化物和酸是引起腐蚀的主要原因[11]。发动机润滑油的工作温度很高。现代内燃机活塞环第一环的温度在230℃以上,润滑油在活塞及活塞环上、气缸壁上均以薄层存在,遭受金属表面催化下的高温薄层氧化,油被迅速氧化,醛、酮等中间氧化物缩合为胶质沥青等,最后成为沉积物。可以说,所有的润滑油都会在使用过程中被氧化,氧化温度可以低至几十℃,也可以高达200℃,但润滑油的老化变质却主要是氧化的结果,这不仅导致了设备的腐蚀,还会使润滑油产生腐蚀。因此,为了使油品具有良好的抗氧性及抗氧抗腐蚀性,需要加入抗氧剂或抗氧抗腐剂。虽然所有的润滑油都有抗氧化的问题,但一般只对使用条件比较苛刻的油品评定其氧化性质[12]。

油品氧化试验的方法可分为以下三类。一类是测定诱导期,润滑油的氧化都是先有一个反应缓慢的阶段,然后进入迅速进行的阶段,反应缓慢的阶段就叫诱导期。用吸氧试验来测定诱导期是常见的方法,因为在诱导期的终了时,可以看到吸氧速度突然上升。第二类是固定氧化条件,分析氧化油的变质程度,主要项目是酸值、残炭、沉淀物、黏度、颜色。第三类是固定除氧化时间之外的其他氧化条件,求出达到一定氧化深度所用的氧化时间[13]。

12）抗乳化性

抗乳化性是汽轮机油、液压油、轴承油、空气压缩机油、真空泵油、蜗轮蜗杆油等难以避免水污染的油品的重要性质,是在一定条件下的油水乳浊液分离所用的时间或一定时间下油水乳浊液分离的程度(包括油中含水量、乳化层量、总分离水量三项)。润滑油的抗乳化能力与是否含有表面活性物质关系极大,因为表面活性物质能大大降低油水界面的表面张力,油水界面的表面张力越大,油水乳浊液越容易分离。另外,润滑油的精制深度及纯净程度也影响其抗乳化性,精制纯净的润滑油有较好的抗乳化性。润滑油的物理性质如黏度,也影响其抗乳化性,黏度大的油乳化时间长一些[14]。

13）抗泡沫性

当内燃机油、齿轮油、汽轮机油、轴承油、蜗轮蜗杆油等油品处于激烈搅拌状态或高速循环状态时,很容易与空气接触产生泡沫,因此这些油品均有抗泡沫性的要求。产生的泡沫如果不能很快消除,会造成润滑油的损失,并影响设备的正常进行。纯净的液体难以形成泡沫,但当液体含有表面活性物质、高分子化合物或固体粉末时就可能产生泡沫。润滑油中的添加剂有的是表面活性物质,有的是高分子化合物,比较容易形成泡沫,也容易得到较稳定的泡沫。因此,为了解决这一问题就必须加入抗泡沫剂[15]。

抗泡沫剂是一种高度分散且难溶于油的表面活性剂。当气泡形成后,消泡剂可吸附和聚集在泡膜表面,使局部表面张力降低,把泡膜撕破。常用的抗泡沫添加剂为二甲基硅油。硅油仅在不溶于润滑油的情况下,即在分散状态时,才显示出抗泡性,不同黏度的基础油应选用不同牌号的硅油。否则,不但没有抗泡作用,反而会引起发泡。油品黏度较小时,加硅油时必须保证其极好地分散,用胶体磨法或喷雾法比高速搅拌法效果好,但硅油存在其分散系统在酸性介质中不稳定的问题。直到20世纪80年代发展了非硅型抗泡沫剂,即丙烯酸酯与醚的共聚物,这种抗泡剂对工艺要求不高且适用于酸性介质,缺点是用量较大,主要用于中重质润滑油。若单独使用二者之一效果均不佳,可将二者复合使用[16]。

14) 防锈性和常温腐蚀

汽轮机油、液压油、蜗轮蜗杆油、轴承油、空气压缩机油、齿轮油等难以避免水污染的油品,除要求有抗乳化性外,还要求具有防锈性。一般矿物油对金属表面的吸附力很弱,容易被水置换。水接触后,黑色金属易生锈,锈蚀机理是水中的溶解氧与铁反应,酸性物质的存在能促进锈蚀,即使水滴还没有置换油膜,水滴中的溶解氧也能透过油膜到达金属表面。因此,单靠基础油是不能有效防锈的,需要加入防锈剂[17]。

防锈剂分子中有极性基和非极性基两部分,防锈剂中的极性基端密集地排列吸附在金属表面,而亲油基伸向油的一侧。防锈剂在油中的浓度至少应能保证形成紧密排列的单分子层,当浓度较高时可形成二层或三层添加剂分子的覆盖层,分子层越厚则防锈性越好。但是,油中存在防锈剂吸附性更强的添加剂时,将干扰防锈剂的吸附,此时就不能形成防水的紧密覆盖膜。润滑油基础油中还存在一些含硫化合物,如果在再生时基础油或添加剂中的含硫化合物分解,就会产生活性的含硫化合物,它在常温下也能与金属反应,产生变色的反应产物。这些活性硫需要在再生工艺中除去[18]。

15）摩擦学性能

边界润滑时，要求润滑油具有良好的边界润滑性。此时，油膜已很薄，油膜最薄的地方已小于 2 个摩擦表面的总粗糙度，有时甚至薄到与油分子为同一数量级（单分子膜已经不可能有隔离开摩擦表面的流体润滑），要靠油的边界滑性来降低磨损，防止大面积擦伤和烧结，而油良好的界面润滑性来自其含有的抗磨极压剂，通过摩擦化学反应生成反应膜，从而起到表面保护作用[19]。

摩擦化学反应不同于一般的表面化学反应，是在 2 个面摩擦中发生的，由摩擦热提供反应所需的能量。磨损金属磨出活化的新生表面促进了化学反应，迅速生成保护膜。这层保护膜并非建立后就永久存在下去，而是在摩擦相对滑动引起的机械犁刮作用下局部破裂，但露出的新生属面又迅速与抗磨极压剂反应生成新的保护膜。因此，只有当反应膜生成速度大于脱落速度时，金属表面才能得到有效的保护，而油中所含的抗磨极压剂也在磨损过程中不断消耗[20]。

油液中磨损颗粒的检测对于判断机械故障及异常磨损状态具有重要意义。磨损颗粒尺寸、磨损颗粒浓度作用时间与设备条件之间的典型相关性如图 2.2 所示，尽管特定工况下的磨损颗粒尺寸因不同设备而异。在新发动机或变速箱的初始常运行期间，磨损颗粒尺寸通常为 1～

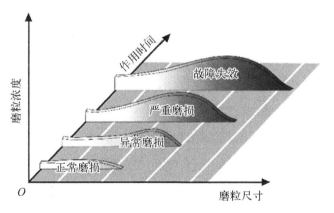

图 2.2　磨损颗粒尺寸、浓度和作用时间与设备条件的关系

10 μm,磨损颗粒浓度保持近似恒定。当设备处于异常状态时,可以看到尺寸为 20～100 μm 较大的磨损颗粒。磨损颗粒的大小和浓度随设备运行时间的延长而逐渐增加,直到设备出现故障为止。研究表明,当磨粒尺寸大于 100 μm(磨粒的长轴直径)时,设备处于故障临界状态,需要立即对设备进行维护,以避免设备故障。因此,为了对设备状况进行预警,需要对大于 20 μm 的磨粒进行监测[21]。

摩擦系数是指启动或使接触面保持相对运动所需的切向力与施加于接触面上垂直力的比值。现行的四球法是测定润滑油摩擦系数的标准方法,其试验条件如表 2.1 所示[22]。

表 2.1　四球法测定润滑油摩擦系数的标准方法试验条件

	磨　　合	试　　验
湿度/[℃(℉)]	75±2(167±4)	75±2(167±4)
转速/(r・min⁻¹)	600	600
周期/min	60	10
负　荷	492 N(40 kgf)/(60 min)	98.1 N(10 kgf)/(10 min)

注:每 10 min 增加负荷 98.1 N(10 kgf),直到摩擦力记录仪上出现异常(摩擦力超出稳定值而突然增大)

常用摩擦学性能指标包括摩擦系数、最大无卡咬负荷、烧结负荷、综合磨损值、通过负荷、油膜承载能力等。最大无卡咬负荷(P_B)是四球机试验时,能够保持连续油膜的最大负荷。烧结负荷(P_D)是四球机试验时,化学反应生成的保护膜已不足以防止焊接,开始产生焊接咬死的负荷。综合磨损值(ZMZ)是油从低负荷到烧结负荷的整个四球试验受载过程中的平均抗磨性能。通过负荷(OK)是梯姆肯试验机上的试验结果。在一定载荷下运行后进行表面检验,如发生胶合,则前一级为"通过负荷"(OK 值)。油膜承载能力是 FZG 齿轮试验机上的试验结果,以齿面失效时的载荷级别来表示,载荷分为 12 级,第 12 级载荷最高[23]。

2.4　废润滑油分级标准

　　废润滑油根据变质程度、被污染情况、水分含量和轻组分含量等划分等级。一级废油变质程度低,包括因积压变质及混油事故而不能使用的油;二级废油变质程度较高。表 2.2 为按蒸发后损失百分比划分等级,蒸发损失不大于 3% 为一级,大于 3% 且不大于 5% 为二级。

表 2.2　废润滑油分级

类别	检测项目	试验方法	一　　　级	二　　　级
废内燃机油	外观	感官测试	油质均匀,色棕黄,手捻稠滑无微粒感,无明水、异物	油质均匀,色黑,手捻稠滑无微粒感,无刺激性异味,无明水、异物
	滤纸斑点试验(a 值)	滤纸斑点试验法(GB/T 8030)	扩散环呈现浅灰色,油环透明或呈浅黄色;$1 \leqslant a$ 值 $\leqslant 1.5$	扩散环呈现灰黑色,油环呈黄色或浅黄褐色;$2 \leqslant a$ 值 $\leqslant 3.5$
	比较黏度(40 ℃)	采用滚动落球比较黏度计(GB/T 8030)	试样中钢球落下的速度慢于下限参比油,快于上限参比油; 下限参比油: $V_{100℃} = 18 \text{ mm}^2/\text{s}$; 上限参比油: $V_{100℃} = 8 \text{ mm}^2/\text{s}$	试样中钢球落下的速度慢于下限参比油,快于上限参比油; 下限参比油: $V_{100℃} = 18 \text{ mm}^2/\text{s}$; 上限参比油: $V_{100℃} = 8 \text{ mm}^2/\text{s}$
	闪点(开口)(闭口)	GB/T 3536、GB/T 261	$\geqslant 120$ ℃ > 70 ℃	$\geqslant 80$ ℃ > 50 ℃
	蒸后损失		$\leqslant 3\%$	$\leqslant 5\%$

类别	检测项目	试验方法	一 级	二 级
废齿轮油	外观	感官测试	油质黏稠均匀,色棕黑,手捻稠滑无微粒感,无明水、异物	油质黏稠均匀,色黑,手捻稠滑无微粒感,无刺激性异味,无明水、异物
	比较黏度(40 ℃)	采用滚动落球比较黏度计(GB/T 8030)	试样中钢球落下的速度慢于下限参比油,快于上限参比油;下限参比油:$V_{100℃}=5 \text{ mm}^2/\text{s}$;上限参比油:$V_{100℃}=25 \text{ mm}^2/\text{s}$	试样中钢球落下的速度慢于下限参比油,快于上限参比油;下限参比油:$V_{100℃}=5 \text{ mm}^2/\text{s}$;上限参比油:$V_{100℃}=25 \text{ mm}^2/\text{s}$
	蒸后损失		≤3%	≤5%
废液压油	外观	感官测试	油质均匀,色黄稍浑油,手捻稠滑无微粒感,无明水、异物	油质均匀,色棕黄,浑油,手捻稠滑无微粒感,无异物
	比较黏度(40 ℃)	采用滚动落球比较黏度计(GB/T 8030)	试样中钢球落下的速度慢于下限参比油,快于上限参比油;下限参比油:$V_{100℃}=10 \text{ mm}^2/\text{s}$;上限参比油:$V_{100℃}=50 \text{ mm}^2/\text{s}$	试样中钢球落下的速度慢于下限参比油,快于上限参比油;下限参比油:$V_{100℃}=10 \text{ mm}^2/\text{s}$;上限参比油:$V_{100℃}=50 \text{ mm}^2/\text{s}$
	蒸后损失		≤3%	≤5%

注:(1) 斑点试验 a 值为油环直径 D 与扩散环直径 d 的比值,即 D/d;当油环颜色明显加深呈褐色、a 值也明显增大时,说明混有较多重柴油和齿轮油,应列为废混杂油;

(2) 蒸后损失是以废油经室温静置 24 h,除去容器底部明水后的油为试验油进行测定的;测定方法是取试验油 1 L,充分搅动后量取 100 g(准确至±0.01 g),盛在干燥清洁的 200 mL 烧杯中,用控温电炉缓缓加热并搅拌控制油温缓慢升至 160 ℃,待油面由沸腾状逐渐转为平静为止;此时,试验油所减少的质量(g)与充分搅动后量取质量的比即为该油的蒸后损失;因蒸出物中含有轻质可燃组分,测定时应注意防火。

2.5　油液监测

在润滑油使用过程中,如何检测润滑油是否变质一直是设备使用中的重要问题。目前,较为广泛和有效的手段是使用油液监测技术,油液监测主要有润滑剂理化指标和磨损微粒监测两种。前者通过监测由于添加剂损耗和基础油衰变导致的油品理化性能指标变化程度来监测设备润滑状态以及由于润滑不良导致的设备故障;而后者则是通过对润滑油中携带的磨粒形貌、尺寸、数量、颜色等参数的监测,对设备进行有效的按质换油、延长润滑油的使用期限、诊断设备故障、实现预知维修、评价新油品的性能等,最终达到监测和故障诊断的目的[24]。常见的油液监测技术如表 2.3 所示。

表 2.3　常见的油液监测技术[25]

	测 试 原 理	监 测 内 容	主 要 优 缺 点
红外光谱技术	根据不同物质的特征吸收位峰值、数目及相对强度,可推断出油样中存在的官能团,确定其分子结构	对油品和添加剂的变化进行准确定性和定量的分析	优点:可以快速且高效地分析油品劣化和污染状态; 缺点:对金属磨粒、溶解态离子不敏感,无法分析磨粒的大小、形貌,从而无法定性分析
原子光谱技术	不同原子的电子运动状态发生变化时发射或吸收的有特定频率的电磁频谱——特征频率,通过检测与该特征频率一致的光子及其数量,可计算该元素的含量	测定油样中所含各种添加剂和磨粒的成分、含量,来判断润滑油的衰化污染程度	优点:操作简便,不需要对油样进行预处理; 缺点:不能检测大于 $10~\mu m$ 的磨粒

续 表

	测 试 原 理	监 测 内 容	主要优缺点
颗粒计数技术	当光路照射到样品时,光路被阻隔,光电接收器上接收到光电强度变化,转换成电压脉冲信号,经不同电压阀(或脉冲高度分析器通道),分别记录不同大小颗粒通过的数量	主要用来测定油样中不同颗粒尺寸的分布,并计算不同分布的颗粒数	优点:颗粒计数器设备携带方便,操作简单,计数速度快,准确度高,非常适用于现场监测; 缺点:不能检测小于100 μm 的颗粒,无法进行定性分析
铁谱分析技术	利用特殊设计的高梯度强磁场装置,把金属从油样中分离出来,使其按照尺寸大小依次沉积到一块透明的基片上,然后对磨粒进行定性和定量分析	可对样品中的微粒数量、粒度分布进行分析	优点:磨粒尺寸检测范围在1~1 000 μm,能同时进行磨粒的定量检测和定性分析,还可以观察磨粒的尺寸、颜色、表面摩擦学特征与结构等
磁塞与磁探测技术	利用金属的磁性原理对所截获的金属磨粒的形貌、数量、尺寸进行分析	用于检测油品中较大磨粒的形貌和数量	优点:可检测100~1 000 μm 的微粒; 缺点:无法检测100 μm 以下颗粒

一般来说,在油液监测时,需对油液进行三方面的数据分析和处理,包括物理性质的分析、化学分析和元素分析。

(1)物理性质的分析。

分析黏度、不溶物和水分等,当黏度和水分超出允许值时应当立即进行处理和解决。

(2)化学分析。

一般不会进行复杂的化学分析,只分析总碱值,总碱值下降到一定程度则增加碱性添加剂。

（3）元素分析。

表 2.4 为油液监测中常见元素种类及可能的来源。

表 2.4　元素种类和来源

元　素	可能的主要来源	可能的其他来源
Si	空气滤清器漏	抗泡剂、防冻液添加剂、密封材料
Na	防冻液添加剂	润滑油添加剂
Cu	轴承轴瓦	润滑油添加剂
B	防冻液添加剂	润滑油添加剂
Pb	轴承轴瓦和含铅汽油	柴油中混入含铅汽油
Gr	活塞环	含铬淬火剂处理
Mo	活塞环	润滑油添加剂
Fe	气缸壁	阀部件、齿轮、活塞环、生锈
Al	阀部件	活塞

参考文献

［1］ HSU Y L, LIU C C. Evaluation and selection of regeneration of waste lubricating oil technology[J]. Environmental Monitoring and Assessment, 2011, 176: 1 - 4.

［2］ LIU Z G, W ANG H, ZHANG L Y, et al. Composition and degradation of turbine oil sludge[J]. Journal of Thermal Analysis and Calorimetry, 2016, 125(1): 155 - 162.

［3］ 刘程,石磊,荣绍丰,等.废润滑油再生的研究进展[J].润滑油,2013,28(4):58 - 61.

［4］ 赵巍,杨俊杰.废润滑油及其再生技术[J].润滑油,2019,34(5):1 - 4,11.

［5］ 宋明明.废弃润滑油资源化利用技术研究[D].西安：西安石油大学,2020.

［6］ 邓琥,周逊,尚丽平,等.酸度、温度对液压油和润滑油荧光特性的影响[J].光谱学与光谱分析,2014,34(12)：3288－3291.

［7］ 赵麦玲,邓义林.废润滑油再生工艺技术[J].化工设计通讯,2017,43(1)：53－55.

［8］ OUYANG P, ZHANG X. Regeneration of the waste lubricating oil based upon flyash adsorption/solvent extraction[J]. Environmental Science and Pollution Research, 2020, 27(30): 37210－37217.

［9］ 国家质量技术监督局.石油产品黏度指数计算法：GB/T 1995—1998[S].北京：中国标准出版社,1998.

［10］ 张俊,帅石金,肖建华.灰分对柴油机颗粒捕集器性能影响研究综述[J].内燃机工程,2018,39(6)：11－23.

［11］ WIDODO S, ARIONO D, KHOIRUDDIN K, et al. Recent advances in waste lube oils processing technologies[J]. Environmental Progress & Sustainable Energy, 2018, 37(6): 1867－1881.

［12］ NASSAR A M, AHMED N S, ABDEL-HAMEED H S, et al. Synthesis and utilization of non-metallic detergent/dispersant and antioxidant additives for lubricating engine oil[J]. Tribology International, 2016, 93: 297－305.

［13］ 袁士宝,赵黎明,蒋海岩,等.基于阶段演化特征的稠油氧化动力学[J].中国石油大学学报(自然科学版),2018,42(4)：75－81.

［14］ CHUNSHENG LI, JINLONG LI, JIANHUA WANG et al. Experimental and theoretical mechanism study on emulsification and demulsification of lubricating oil[J]. Asian Journal of Chemistry, 2014,26(1)：233－236.

［15］ 张志会.齿轮箱润滑油产生泡沫原因分析及应采取的措施[J].科技创新与应用,2016(14)：157.

［16］ JUN S J, JO S H, KIM T G. The anti-foaming effects of silicone oil emulsions and non-silicone oils[J]. Joural of Korean Society of Water Science and Technology, 2021, 29(1)：19-24.

［17］ 李忠山,张玉峰,马宇姝.润滑油抗氧化剂的作用机理及抗氧化剂的选择[J].液压气动与密封,2014,34(6)：50－51,80.

［18］ WU X H, YUE B, SU Y, et al. Pollution characteristics of polycyclic aromatic hydrocarbons in commonly used mineral oils and their transformation during oil regeneration［J］. Journal of Environmental Sciences，2017，56：247－253.

［19］王焱青.边界润滑膜温度特性试验机的研制与试验研究［D］.上海：华东理工大学,2013.

［20］石啸,曹静思,李成.润滑油分子科学概述之三——摩擦改善剂［J］.石油商技,2020,38(5)：82－91.

［21］SHEN M X，DONG F，ZHANG Z X，et al. Effect of abrasive size on friction and wear characteristics of nitrile butadiene rubber(NBR)in two-body abrasion[J]. Tribology International，2016，103：1-11.

［22］国家发展和改革委员会.润滑油摩擦系数测定法(四球法)：SH/T 0762—2005［S］.北京：石油工业出版社,2005.

［23］中国国家标准化管理委员会.润滑剂承载能力测定法 四球法：GB/T 3142—2019［S］.北京：中国标准出版社,2019.

［24］严学书.设备故障诊断技术［J］.渝州大学学报(自然科学版),1992(9)：83－87.

［25］李茂华,杨博,李小飞,等.在用润滑油油液监测分析技术现状和展望［J］.山东化工,2014,43(3)：55－57.

第 3 章
废润滑油再生工艺

由于废润滑油的种类和数量繁多,选择合适的再生工艺是处理不同情况废润滑油的关键。本章介绍当前主要的再生手段,对各种工艺进行详细的分类和说明,并阐述其与当前实际生产的联系。

3.1 吸附处理工艺

本节主要介绍吸附处理工艺在废润滑油再生方面的应用,包括传统吸附剂处理(白土、活性炭、硅胶、硅酸镁、粉煤灰)和新型吸附剂处理(多孔纳米吸附剂、多孔分子筛吸附剂、有机高分子聚合树脂、天然高分子吸附剂);阐述各类型吸附剂的组成结构、自身性质以及对废润滑油的再生效果。

3.1.1 传统吸附剂处理

本小节主要介绍传统吸附剂对废润滑油处理的应用,包括白土及其衍生工艺、活性炭、硅胶、硅酸镁和粉煤灰;同时介绍各类吸附剂的组成结构、自身性质以及对废润滑油的再生效果。

1) 白土

白土是油处理领域最常见和使用最多的传统吸附剂。目前,对这类吸附剂的研究多集中于改性方面,采用的主要改性方法有酸化改性和碱化改性。Battalova 等[1]认为,酸活化后的白土是润滑油加工过程中很好的吸附剂。Araujo 等[2]认为,废油再生过程的最后阶段是脱色和中和,在这一阶段主要去除的是基础油氧化降解产物,如有机酸、酯类、酮类等,而白土由于具有很大的比表面积,能够通过吸附去除油液中的胶质、环烷酸、磺酸、磺酸盐等极性分子物质,且脱色效果好[3]。但是,对于白土去除油液污染物的净化机理,学界至今还未能给出完整的解释。研究者认为,膨润土在酸化过程中可以产生 2 种酸活性中心,一种是位于蒙脱石晶片层间的质子(Bronsted)酸活性中心,一种是位于蒙脱石八面体中的路易斯(Lewis)酸活性中心。酸化改性可以提高膨润土的比表面积和吸附活性,从而使酸改性白土具有更好的吸附脱色性能[4]。

　　研究表明,碱化改性可使白土对油中的脂肪酸具有更强的中和和吸附性能。例如,赵娟等[5]用湿法将 $Ca(OH)_2$ 负载到活性白土的酸活性中心制备碱性白土,发现碱改性后的白土对油脂中的脂肪酸具有良好的吸附性能,且负载的 $Ca(OH)_2$ 也参与了反应。传统白土吸附剂由于吸附和脱色性能好,价格低廉,储量丰富,长期以来在我国废油再生中起着重要的作用,并占据着主导地位。很多处理工艺都是在白土吸附的基础上衍生出来的。图 3.1 为在 50 ℃条件下,制备碱性白土时,3 个负载阶段的扫描电镜(SEM)图。

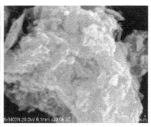

图 3.1　50 ℃下 3 个负载阶段的扫描电镜(SEM)图[5]

　　(1) 硫酸-白土工艺。

　　硫酸-白土工艺是最传统的也是最常用的废油再生工艺,以 Meinken 开发的硫酸-白土工艺为主,其工艺流程如图 3.2 所示[6]。

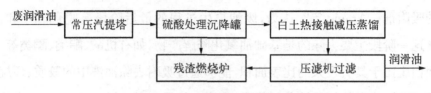

图 3.2　Meinken 工艺流程图

　　世界上最早研究废润滑油再生的国家是美国,最初采用的再生工艺是硫酸-白土精制。新西兰已经有 3 个废油再生厂,奥克兰在 1933 年建立了第 1 个采用硫酸-白土工艺的废油再生厂。贝尔格莱德炼油厂可处理南斯拉夫全部的废润滑油,该厂有一套硫酸-白土补充精制的 IFP 流程再生装置。印度有 30 多家废润滑油再生工厂,其中大部分均采用硫酸-白土工艺再生废油。20 世纪 70 年代左右,硫酸-白土工艺在全球范围内的应用十分广泛。例如,德国建造了 11 个废润滑油再生厂,全部应用硫酸-白土工艺,每年处理量最大可达 6.0 万 t;同时,这种再生技术也被广泛应用在其他国家;在亚洲,Meinken 工艺同样得到了充分发展。中国曾建造硫酸-白土工艺的废油再生厂 170 多家。20 世纪 60 年代末及 70 年代末,伊朗分别建造了 3 套再生装置,均采用梅肯酸-白土再生工艺。1977 年前后,澳大利亚建造了 2 个再生润滑油厂,均采用梅肯(Meinken)酸-白土工艺。20 世纪 70 年代,南非建立了采用梅肯技术的再生装置,2 年后为鲁得隆公司在巴塞罗拉建造了 1 套梅肯酸-白土工艺再生装置,同时还具备热处理系统[7]。肖力等[8]总结了一种废润滑油再生的方法,再生步骤包括絮凝聚合、破乳、静置、加热、离心、酸精制、碱中和和白土精制以及调配,其中白土的加入量占油总量的 5%～8%,该发明通过减少蒸馏过程提高润滑油回收率,回收率提高到 95%,相较于普遍的再生技术提高了 10%～15%。张玉明[9]提供了一种废润滑油再生方法,主要包括以下步骤:把废润滑油放入沉降罐进行简单分离;取上层含油混合物,加入调和罐,加热絮凝;将絮凝后的混合物转入常压蒸馏塔蒸馏,经过闪蒸塔、减压蒸发器进行蒸馏,再进入精馏塔进行精馏;将精馏出来的润滑油用白土处理,过滤,即得基础油。林木茂等[10]采用高真空低温镀薄膜技术,将基础油馏分蒸馏出来而不发生任何裂化,然后再经过白土补充精制,成为质量良好的再生基础油,总收率大于 95%,基础油为 68%~80%,工艺简单易操作且无污染,基础油质量达到中石化出口进出油标准。该发明公开了一种废润滑油再生用白土吸附精制方法,涉及白土精制技术领域,将购入的脱色白土投入活化炉的料仓,启动活化炉,加热温度控制在 300~550 ℃,控制活化时间为 2~4 h,活化时间必须能够使脱色白土活化后的含水率低于 3%,活化过程中使用干燥氮气进行不间断的吹扫,氮气吹扫的压力为 0.1~0.3 MPa,活化后的物料送入中转料罐,将料罐口密封好,使物料进行冷却。该废润滑油再生用白土吸附精制方法,通过氮气保护加热设备进一步提高活性白土的有效吸附容量,活化后的白土使用干燥氮气进行保护,并快速投入润滑油精制设备中,进而提高油品精制及脱色的效果,减少白土的用量,减少工艺流程中次生危害废油的产出量,进一步减少对环境的污染。

硫酸-白土工艺的最大缺点是再生废油的质量较差,再生率较低,且该工艺需要大量的硫酸和白土,废轧制油再生过程中会产生大量的酸渣和废白土,同时也会产生大量的废气,不仅浪费资源,还会对环境造成严重污染。为了克服这个缺点,出现了许多改进的方法。例如,IFP 工艺,该工艺是由法国石油研究院(Institut Francais du Petrole)主持开发的,应用在废油再生中[11]。IFP 工艺与普通的硫酸-白土工艺最主要的区别在于该工艺利用丙烷对废油进行萃取,经过预处理的废油可以减少硫酸和白土的用量,其中硫酸可以减少 5%左右,白土可减少 2%~4%,从而减少酸渣、白土以及废气的产生,达到保护环境的目的。IFP 工艺的优点在于可以大幅度提高废油的回收再生率以及再生油的质量,同时可以减少硫酸和白土的用量,生产成本得以降低,减少了对环境的污染。

Aziz[12]等研究了苏莱曼尼市废润滑油再精炼过程中的萃取和再活化,考查了一组不同的响应参数,萃取动力学和精制油的质量(具体取决于所用溶剂的类型)、重新活化的废白土的漂白功效、煅烧时间和温度对重新活化的废白土性能的影响,以及废白土的额外酸活化的影响。采油后,未经酸处理的煅烧足以恢复大部分黏土活性(相对于漂白性能)。就萃取油的数量和质量而言,己烷和庚烷是最好的溶剂。结果表明,通过脱油和煅烧来回收油,并以经济方式重新活化废黏土,可以有效解决废白土的问题。

为了解决硫酸-白土精制工艺中存在的污染问题,德国的 Meinken 工艺采用了一种新发明的混合搅拌器,将硫酸与废润滑油混合在搅拌器中,然后强力搅拌足够的时间,使废润滑油中的有害杂质与硫酸充分接触并发生反应,从而提高硫酸的转化率,减少硫酸的使用量,既而减少废酸渣、酸水的生成,最后再进行白土精制工艺,得到达标的基础油。徐高扬等[13]进一步研究了废润滑油再生工艺,发现只使用活性白土对废油进行处理,也能够得到质量较好的再生油,说明不用酸处理的方法再生效果也很好。

(2) 蒸馏-白土工艺。

1980 年,中国研发了 2 种废油再生工艺,一种是蒸馏-乙醇萃取-白土工艺,另一种是高温白土工艺。蒸馏-乙醇萃取-白土工艺并没有得到广泛应用,原因是用于萃取的乙醇萃取效果较差。高温白土工艺对温度的要求较高,通常是将蒸馏和白土精制结合在一起,再生效果较好。1990 年初,上海润滑油厂和洛阳石化工程公司炼制研究所共同研发了 1 套非常环保的废油再生装置,该工艺流程为预处理-蒸馏-糠醛-白土工艺,如图 3.3 所示[14]。该工艺能够收集到更多的再生油馏分,再生油收率可以增加 7%~9%。降膜减压蒸馏是蒸馏-白土工艺的关键技术手段。但是,该工艺需要大量的前期投入,包括资金、设备以及大量的白土,因此并没有得到工业上的应用。

1970 年,爱尔兰刚刚开始回收再生废油时,即建立了一个贯穿整个爱尔兰的废油回收服务网,该服务网能够收集到充足的废油,从而很好地

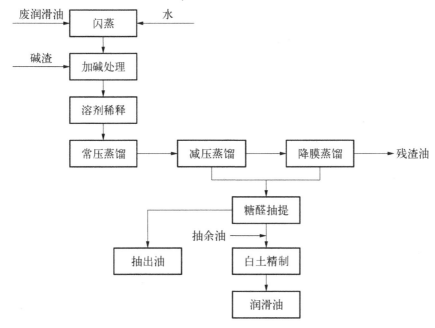

图 3.3　蒸馏-白土工艺流程图[14]

支持创建的废润滑油再生厂;基于环境友好,建立了 2 个采用蒸馏-白土工艺的废油再生厂。美国资源技术公司为挪威设计了 1 个采用蒸馏-白土方法再生废油的装置。罗马尼亚以"以旧换新"的方法回收废润滑油,回收后的废油全部经过蒸馏-白土工艺处理。

潘利详等[15]公开了一种废润滑油再生基础油的工艺方法,该方法是通过废润滑油预处理、薄膜蒸发、分子蒸馏、白土精制和闪蒸脱气工艺步骤实现的,该工艺可以再生处理市场上收集到的任何废润滑油。根据废润滑油品质的不同,其基础油收率为 50%~90%。该生产工艺还可灵活调整,既可采用并联方式生产单一规格的中低黏度基础油,使装置生产处理能力最大化,还可采用串联方式生产低、中、高 3 种规格黏度的基础油,使废润滑油中基础油馏分按品质和价值的不同完全分离出来,达到经济效益最大化。赵敏仲等[16]介绍了一种废润滑油再生方法,将废润滑油经沉淀过滤后进行分子蒸馏,再在废润滑油再生脱臭装置中进行脱味,白土脱色后得到润滑油基础油。该方法操作简单,经分子蒸馏后的润滑油在一级脱臭塔和薄膜蒸发器中再进行 2 次脱臭,得到的润滑油基础油无味,色号小于 1.40 度,运动黏度为 27~30 m^2/s,闪点大于 180 ℃,经产品质量监督检验部门检验认定合格。

由于白土的吸附效果受本身特性限制,其重复利用率低、使用过程废弃量大、环境污染严重、后续处理困难,已难以适应新形势对吸附剂的要求。因此,我国现在正在逐步控制白土在废油再生中的使用量。

2)活性炭

活性炭是最常用的一类非极性吸附剂,具有很大的比表面积和发达的孔隙结构,表面化学官能团丰富,吸附能力强。由于活性炭的吸附机理比较复杂,目前学术界还没有统一的观点。对于活性炭吸附有机物的作用力,Mattson 等[17]认为主要是由有机物的 π 电子和羰基之间的作用力产生的。目前,油处理领域对活性炭的研究仍多是改性研究,主要采用物理法和化学法以达到增大活性炭比表面积、改善孔隙分布、进行表面修饰和增加吸附活性点的目的,从而定向地优化选择吸附性能。Al-Ghouti 等[18]将硅藻土和活性炭分别用微乳液改性制备新型吸附剂,并用于吸附废润滑油中的有机和无机污染物。结果表明,2 种吸附剂能够有效吸附废润滑油中的氧化产物及硝化、硫酸化产物,且推测该吸附过程分为 2 个阶段,一是污染物吸附在吸附剂粒子外表面,二是被吸附的有机污染物统一分布在吸附剂的整个外表面。图 3.4 为硅藻土上的化学键及硅醇基团。

Yu 等[19]发现经硝酸处理后的活性炭表面含氧官能团数量增加,孔结构得到优化,活性炭与油中噻吩的亲和力增加,提高了活性炭对油中噻吩的吸附能力。传统活性炭吸附剂的价格不够低廉,再生过程对技术要求高,再生率不高,再生效果不好。目前,国内利用活性炭作为吸附剂处理废油的研究较少。

陈世军等[20]利用硅酸钠、多乙烯多胺和 2 种活性炭实现了废润滑油

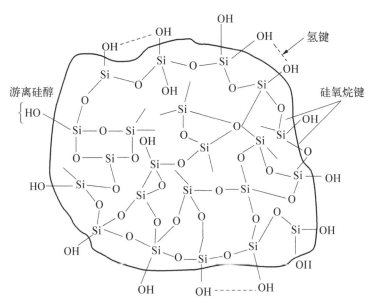

图 3.4 硅藻土上存在的各种键和硅醇基团
硅氧烷键(Si－O－Si)[18]

的再生。其中,活性炭包括椰壳活性炭和果壳活性炭,含量为 3%～8%,
该工艺具有环保简洁的特点。与新基础油相比,再生油的色度和闪点均
得到了明显改善。表 3.1 为活性炭处理废润滑油后得到的色度和闪点及
其与新基础油的对比。

表 3.1 活性炭处理废润滑油

分析项目	新基础油	实例 1	实例 2	实例 3
色度/级	2	1.8	1.6	1.8
闪点/ ℃(开口)	190	186	189	187

Mohammed 等[21]在处理润滑油时,在进行选择性吸附前,将初级分
离所得的润滑油提取液用轻烃液体稀释。合适的轻质烃是低沸点链烷
烃,如戊烷、异戊烷、轻质汽油。初步分离可以采用液体二氧化硫、糠醛或
硝基苯作为溶剂的溶剂萃取,吸附剂为硅胶、氧化铝凝胶、硅胶-氧化铝凝

胶、活性炭或木炭。

3）硅胶

硅胶是一种具有无定形链状或网状结构的硅酸聚合物颗粒,除具有大的比表面积和孔隙率外,表面还有丰富的羟基。将其表面的羟基替代,可以使原本硅胶的吸附对象发生改变、缩短吸附平衡时间、增强吸附灵敏度等。目前,油处理领域研究较多的是对硅胶进行无机或有机表面修饰。在硅胶中掺杂无机金属离子,一方面可以利用金属离子的亲水性和络合性增加材料的吸水性和选择吸附性,例如,王云芳等[22]将过渡金属离子(Fe^{3+}、Co^{2+}、Ni^{2+}、Cu^{2+})负载到硅胶上,经还原处理,所制得的改性硅胶对焦化柴油脱氮效果较好;另一方面,金属离子掺杂后进入硅胶的网状结构内部,可以提高硅胶的机械性能,例如,Fang 等[23]分别用 Al^{3+}、Ti^{4+} 和 Co^{2+} 掺杂硅胶,改性后的硅胶吸附容量、比表面积、热稳定性和抗老化性均得到提高。研究表明,硅胶对磷脂、皂化物等杂质具有较强的吸附能力,可有效降低废油脂的极性化合物含量、过氧化值、黏度。但是,硅胶对油脂的脱色吸附作用不太明显,必须与其他吸附剂联合使用,再加上硅胶的再生成本比较高,制约了其在废油资源化中的应用范围。图 3.5 为不同改性硅胶的电镜图。

4）硅酸镁

硅酸镁是一种常见的无机吸附剂,同时具有酸性和碱性性能,比表面积大,孔道结构丰富,吸附能力强。目前,油处理领域对硅酸镁类吸附剂的研究主要集中在改性处理方面,研究较多的是对其进行有机改性来净化和处理生物质油。例如,张盼[24]以二甲基乙酰胺为溶剂,聚醚砜为基质材料,商品六硅酸镁为功能颗粒,制备六硅酸镁/聚醚砜膜吸附剂,并对生物柴油进行处理,结果表明,该吸附剂能够较好地吸附和清除生物柴油中的游离脂肪酸,并对降低生物柴油色度具有一定效果。柴湘君等[25]采用液相合成法制备聚硅酸镁,扫描电镜图像显示,该法制备的聚硅酸镁小颗粒凝聚趋势更加明显,大颗粒间的间隙分布非均匀,因此比表面积更

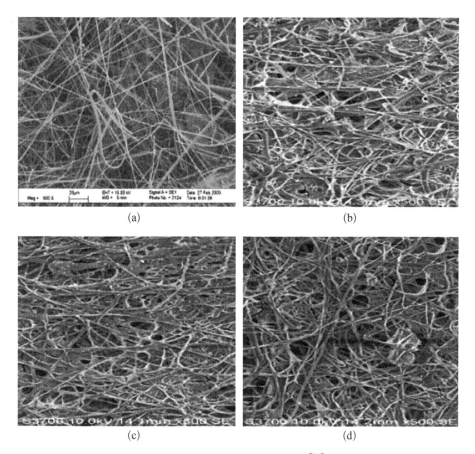

图 3.5　改性硅胶的 SEM 图[24]

（a）陶瓷纤维纸；（b）掺铝硅胶；（c）掺钴硅胶；（d）掺钛的硅胶

大,吸附能力更强,再加上镁向四周发展的片状结构,具有更好的吸附脱色效果。对废油的处理结果表明,处理后油液呈淡黄色,半透明状态,与上述结构特征预测一致。硅酸镁在脱酸、脱臭、改善油液色泽等方面具有一定的优势,但仍然存在后续处理困难、使用量较大等问题,且该类吸附剂对矿物质油液的净化处理效果不明确,仍然需要进一步改进和研究。图 3.6 为聚硅酸镁在不同放大倍数下的 SEM 图。

5）粉煤灰

粉煤灰是煤粉燃烧后的产物,主要成分为 SiO_2、Al_2O_3、Fe_2O_3,具有

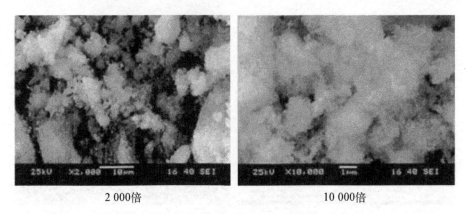

2 000倍   10 000倍

图 3.6 聚硅酸镁 SEM 图[25]

多孔的内部结构和丰富的表面基团。由于粉煤灰本身也是一种废弃物,用作吸附剂极具经济优势,加上其吸附性能较好,目前已越来越受到废油处理领域的重视。例如,李智[26]发现,电厂粉煤灰对劣化抗燃油的脱色效果较好,能够降低酸值、吸收水分、吸附颗粒物等,使油液的理化性能得到提高。表 3.2 为不同电厂的粉煤成分。

表 3.2 典型粉煤灰成分[26]

	SiO_2	Al_2O_3	CaO	Fe_2O_3	MgO	K_2O	Na_2O	其他
黄埔电厂	56.21%	29.42%	2.07%	5.62%	0.99%	1.22%	0.31%	4.16%
深能源发电分公司	54.99%	30.31%	5.08%	5.66%	1.72%	1.33%	0.02%	0.89%

何水清[27]将粉煤灰用于处理不同牌号的废润滑油中,发现通过采用合理的工艺及正确的操作方法,粉煤灰可以有效吸附油中的重芳烃、胶质、沥青质等着色物质,以及水分、环烷酸等极性物质,从而改善油液色泽,提高闪点和抗乳化性能。杨林等[28]将粉煤灰应用于处理再生发电厂废润滑油,发现粉煤灰是一种优良的吸附剂,节能效果十分明显,其生产成本是目前所采用的各种吸附剂的 1/15～1/50,不但降低了劳动强度,

而且再生油的重要指标均有所提高。欧阳平等[29]用粉煤灰作为吸附剂对模拟废油进行吸附处理,发现粉煤灰对水的去除率达到 91.15％,单位吸附量达到 0.28 mg/g,准二级吸附速率方程对此吸附有较好的描述。

目前,对于这类吸附剂的研究多集中于探讨粉煤灰物理及化学结构对吸附效果的影响、改性方法及后续处理等方面。例如,Al-Degs 等[30]发现粉煤灰中含有可变数量的 Ni、Zn、Cr、Cu、Pb 等重金属,这已引起研究者对粉煤灰后续处理的注意。粉煤灰用作废油处理吸附剂虽然极具经济价值,但其本身的性质较稳定,经活化后吸附性能才能大幅提高;其次,粉煤灰的颗粒粒径小,在有利于吸附的同时,也为后续的过滤分离增加了难度;此外,粉煤灰的后续处理比较困难。图 3.7 为不同放大倍数下的粉煤灰 SEM 图。

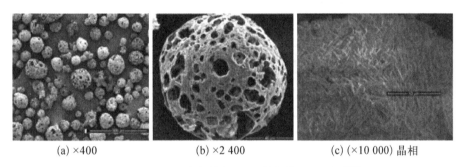

(a) ×400　　　　　　(b) ×2 400　　　　　(c) (×10 000) 晶相

图 3.7　不同放大倍数下粉煤灰的 SEM 图[30]

3.1.2　新型吸附剂处理

本节主要介绍新型吸附剂对废润滑油处理的应用,包括新型多孔纳米吸附剂、多孔分子筛吸附剂、有机高分子聚合树脂和天然高分子吸附剂;同时介绍各类型吸附剂的组成结构、自身性质以及对废润滑油的再生效果。

1) 新型多孔纳米吸附剂

多孔纳米吸附剂作为一种人工合成的新型吸附剂,不仅具有明显的孔隙特征、显著的表面效应、比表面积大、吸附性能好等优点,还可以简化生产工艺,适应性强,不产生二次污染。例如,王仕仙等[3]曾提出一种新型纳米吸附剂,应用该纳米吸附剂,只需对废润滑油进行常温搅拌、脱水、聚合除渣、沉淀,经过滤、清洗就可恢复润滑油的理化性能。该过程无需酸洗,产生的残渣可用于调和沥青炭黑等。虽然纳米吸附剂具有传统吸附剂不具备的优点,但目前的研究表明,纳米材料具有一定的生物毒性。因此,有必要对纳米材料型吸附剂的环境行为、生态效应等问题进行深入探讨和研究[31]。图 3.8 为多孔纳米添加剂在废润滑油再生中应用的工艺流程图。

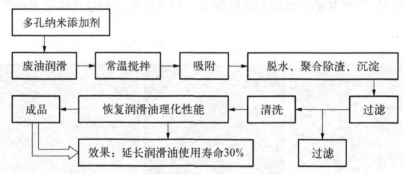

图 3.8　多孔纳米添加剂实现废润滑油再生工艺流程图[3]

2) 多孔分子筛吸附剂

分子筛是由一系列不规则的孔道组成的具有特殊结构的多孔材料,具有比表面积大、孔道结构丰富、孔径可调节、吸附容量大、表面易改性、选择吸附性能强等优点。分子筛类吸附剂在油处理领域的应用和研究相对较多。文献报道[32],将 802 分子筛高效吸附剂用于变压器油再生中,处理效果好,经济效益显著。

目前,油处理领域对分子筛类吸附剂的研究主要集中在改性研究方面。研究表明,通过改性,可进一步提高其对废油中酸性物质、着色组分的吸附效果。例如,王素莉[33]创新性地将稀土元素负载到 NaY 分子筛中,并将分子筛中的钠含量降到 0.2% 以下,得到活性更高的 ReY 型分子筛。该

低钠型分子筛可将劣化抗燃油的电
阻率由 2.6×10^9 Ω·cm 升至 1.2×10^{12} Ω·cm、酸值由 0.40 mg KOH/g
降至 0.04 mg KOH/g、颜色由深红色
变为淡黄色，吸附处理效果好。
图 3.9 为 NaY 型分子筛的电镜图。

　　虽然分子筛孔径的可调性使其
具有良好的应用前景，但为了提高
分子筛对油液的处理效果，需对其
进行内部结构调整或表面改性，因

**图 3.9　NaY 型分子筛
SEM 电镜图[33]**

此分子筛的使用成本较高。另外，用于废油处理的分子筛的再生方法也
需要深入探索和研究。

　　3）有机高分子聚合树脂

　　有机高分子聚合树脂是具有吸附特点、能够浓缩和分离有机物的多
孔性高分子聚合物。作为一种重要的新型吸附剂，吸附树脂具有吸附容
量大、可再生性能好等显著优点，应用前景广阔。目前，有机高分子聚合
树脂在水处理领域的研究和应用较多，但在油处理领域的研究较少，其研
究主要集中在提高其选择吸附性能，以及再生方法开发等方面。研究表
明，吸附树脂的选择吸附性能和吸附量受其内部空间网孔结构改变的影
响。为了解决油、水分子在树脂材料界面产生的竞争吸附，减少油分子进
入吸附孔道，提高材料的选择吸附性能，吴云等[34]以 N，N - 亚甲基双丙
烯酰胺为交联剂、过硫酸钾为引发剂、环己烷为连续相，采用反相悬浮聚
合法合成聚丙烯酸钠吸水树脂，并通过改变交联剂用量调节聚合物的网
络密度和孔径。结果表明，当聚合物平均网孔直径在 2.3 nm 左右时，该
吸水树脂脱水率和选择吸附能力达到最佳平衡状态。图 3.10 为不同交
联剂用量制备得到的聚合物电镜图。

　　在废油的油水分离中，为了降低后续分离的难度，需要提高吸水性树

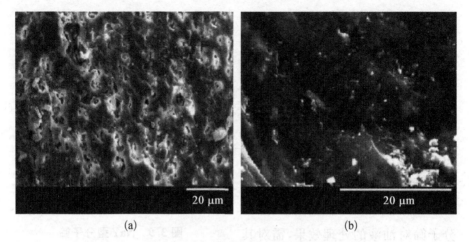

图 3.10 不同交联剂用量制备的聚合物的 SEM 图[34]

脂的凝胶强度。在不降低聚丙烯酸钠高吸水性树脂吸水能力的前提下，Kiatkamjornwong 等[35]采用丙烯酸与丙烯酰胺共聚提高凝胶强度。有机高分子聚合树脂凭借其孔径可调、选择吸附性能好的优势，在油处理领域开始受到越来越多的关注。但是，由于研究较少，该类吸附剂对油液中各类杂质的清除效果、针对性的改性方法、使用后的再生方法等仍有待继续研究和考证，且该类吸附剂价格较高，如何降低使用成本也是需要关注的问题。

4）天然高分子吸附剂

天然高分子吸附剂是指来源于自然环境中的纤维素、木质素、淀粉、壳聚糖、腐殖酸等具有天然结构的吸附剂。这类吸附剂不仅具有天然的吸附特性或反应活性，还可用作高分子吸附剂的原料，经改性或合成后能够得到具有环境友好性、可生物降解、具有良好发展前景的新型有机吸附剂。

目前，对于天然高分子吸附剂的研究主要集中在改性研究方面，通常采用酸化、氧化，或采用接枝、共聚等方法进行人工改性。改性原因主要有两点。一是由于某些天然高分子吸附剂受其自身性质影响，不能直接应用于油液处理。例如，研究表明[36]，棉、木棉、香蒲绒和亚麻纤维与水的静态接触角大于130°,与机油、废油的静态接触角均小于60°,表现出疏水亲油性。因此,为了利用这些天然高分子吸附剂来处理和净化油液,需对其进行适当的改性处理,以合成能够应用于油处理的新型吸附剂。二是通过改性可以增强天然高分子吸附剂的螯合能力,提高表面扩散和颗粒内扩散联合控制作用,从而提高吸附效果。例如,纪俊敏等[37]将稻壳灰碳化灼烧再经硫酸酸化后,用于处理废煎炸油,并与活性白土处理效果进行对比,结果发现,酸化稻壳灰可以有效脱除废油脂中的游离脂肪酸和色素,降低酸值,其脱色能力不低于活性白土,既经济又方便。表3.3为油品脱色后各项理化指标的变化。

表 3.3　脱色后油脂理化指标的变化[37]

脱色剂	理化指标					
	酸价/ (mg KOH · g^{-1})	过氧化值/ (meq^{-1} · kg^{-1})	色泽	气味	水分	颜色
酸化 稻壳灰	3.06	11.14	Y30 R5.9	小	0.76%	黄色
活性白土	2.27	11.83	Y30 R5.5	小	0.76%	黄色
空白	5.20	16.14	Y60 R8.0		0.18%	深褐色

Hamad等[38]用杏仁壳粉、核桃壳粉、蛋壳粉处理经溶剂提取后的废润滑油,结果表明,几种物质对提升油液理化性质均有效,其中杏仁壳粉处理效果更好,可大大改进油液的闪点、炭渣灰分、倾点、颜色。

腐殖酸是一种由动植物残体在氧化还原、微生物分解等一系列地球化学过程中形成的复杂高分子有机物。腐殖酸具有羧基、羟基、醌基、半醌基、甲氧基、羰基等活性官能团,具有酸性、界面活性、亲水性、氧化还原性、催化、自身氧化交联、阳离子交换能力以及对金属离子的吸附能力等多种独特的物理化学特性。研究表明,腐殖酸可通过配位交换、氢键缔合、螯合作用、疏水作用等吸附无机金属离子、多环芳烃、有机农药等多种无机和有机物质[39],而这些物质与废油中存在的杂质成分在性质上十分相似。将腐殖酸用于处理印染废水的研究表明,经腐殖酸处理后,废水脱色效果较好[40]。虽然腐殖酸直接应用于油液处理的报道还很少,但凭借其丰富的化学活性官能团,适合作为一种新型吸附剂应用于油处理领域,特别是其活性官能团所具有的金属离子络合能力及氢键成键能力,不仅有利于去除废油中难以去除的金属离子添加剂,还兼具一定的絮凝性能,可成为集吸附和絮凝功能于一体的多功能吸附剂。另外,腐殖酸作为一种天然活性物质,其本身对环境无毒无害,具有其他吸附剂所不具备的绿色、环保性能。天然高分子吸附剂来源广泛,储量丰富,本身可降解,具有环境友好性,可实现经济效益与生态效益的统一。除此之外,其对油液的处理效果好,极具开发潜能。但是,目前将天然高分子吸附剂及其改性所得的新型有机吸附剂应用于废润滑油再生的研究仍然较少,对其研究和开发力度不够,对改性方法及吸附机理的研究不够深入,未能充分发掘其吸附性能。因此,这应成为未来油处理领域环境友好型吸附剂的一个重要发展方向。

3.2 蒸馏工艺

本节主要介绍了蒸馏工艺在废润滑油再生中的应用,包括薄膜蒸发、短程(分子)蒸馏和蒸馏-加氢3种工艺技术,简单说明了各项工艺的再生原理、工艺流程及其再生效果。

3.2.1 薄膜蒸发

通过使液体形成薄膜而加速蒸发进程的蒸发叫作薄膜蒸发。薄膜蒸发能加速蒸发的原理是在减压条件下,液体形成薄膜,薄膜具有极大的汽化表面积,热量传播快而均匀,没有液体协压的影响,能较好地防止出现

物料过热现象。在用于废油处理
的薄膜蒸发器中,进料通过气旋
塔蒸馏成两部分,由于切向流动
薄膜的形成,轻质烃易快速蒸馏。
由轻质碳氢化合物(气体、柴油)
和水组成的蒸发较轻的部分在腔
室的上部冷凝,在此处分离。在
底部循环的较重油部分被加热,
减少了室内的热传递,从而减少
了焦炭的形成。图 3.11 为含有
薄膜蒸发和加氢处理组合工艺的
流程图。化学预处理废油以避免
设备腐蚀和污染物沉淀,预处理
步骤在 80～170 ℃下进行。化学
处理过程中用到的化合物包括氢

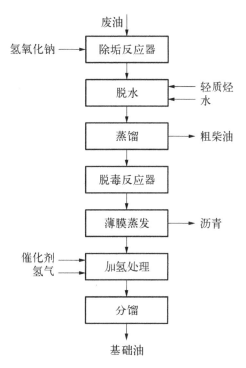

**图 3.11　薄膜蒸发和加氢处理
组合工艺流程图**

氧化钠,加入的氢氧化钠的量足以使 pH 值达到约 6.5 或更高。预处理
后的废油首先蒸馏以分离水和轻质烃。水被处理后送到废水处理设施,
轻质烃在工厂用作燃料或作为产品出售。此后,将无水油在高真空下于
薄膜蒸发器中蒸馏,分离柴油燃料,其可以在工厂使用或作为燃料出售,
诸如残渣、金属、添加剂降解产物等重质材料被传递到重沥青流中。

　　Vaxon 和 Ecohuile(Sotulub)[41]工艺基于薄膜蒸发器中油馏分的真
空蒸馏,可减少高温下烃和油杂质开裂造成的焦化。这 2 种工艺对碱性
废油进行预处理,需消除原料中的合成油和植物油。Vaxon 工艺拥有额
外的溶剂萃取处理设备,与 Ecohuile 产品相比,可生成更高质量的产品
油。尽管如此,产品质量比上述溶剂萃取工艺更差。为了生产高质量的
基础油,薄膜蒸发技术中要加入后处理步骤,同时需与其他技术联用,但
这些改造将增加运营和成本,使其在经济上不太有吸引力。

3.2.2 短程(分子)蒸馏

短程蒸馏是一种在高真空下操作的蒸馏方法,此时蒸气分子的平均自由程大于蒸发表面与冷凝表面之间的距离,可利用料液中各组分蒸发速率的差异,对液体混合物进行分离。在高真空条件下,由于短程蒸馏器的加热面和冷凝面间距小于或等于被分离物料分子的平均自由程,当分子在短程蒸馏器加热面形成的液膜表面蒸发时,分子间互不发生碰撞,无阻拦地向冷凝面运动并在冷凝面上被冷凝,因此短程蒸馏也被称为分子蒸馏[42]。

从分子蒸馏技术原理可以看出,待处理的混合液只要组分的分子运动平均自由程存在差别,就可以利用此技术进行分馏,而在相同的外界条件下,分子运动平均自由程与分子有效直径呈反相关的关系。因此,利用分子蒸馏可以很好地将汽油、柴油等轻组分和沥青质等重组分从废润滑油中分离出来,从而得到再生的润滑油[43]。

采用分子蒸馏技术处理废润滑油的具体工艺技术流程如图 3.12 所示[43]。废油中含有机械杂质、泥砂等固体杂质,可以采用沉降、过滤的预处理方法去除。预处理后的废润滑油经过薄膜蒸发蒸发出水、汽油、柴油等轻质油组分,再经过分子蒸馏得到重质润滑油组分;由于重质油组分中还含有少量的胶质、沥青质等物质,其颜色仍然较深,需经补充精制(白土精制、溶剂精制等)脱色,最后得到闪点、黏度等均符合指标的润滑油基础

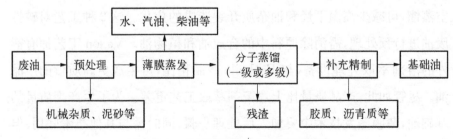

图 3.12 分子蒸馏的一般流程图[43]

油。此外,生产中还可根据具体需要,采用多级分子蒸馏以得到不同闪点和黏度的再生润滑油。

周松锐等[44]采用一级薄膜蒸发加二级分子蒸馏来再生废润滑油,可将汽柴油等轻质油以及润滑油馏分分别蒸馏出来,而大部分的胶质、沥青质、炭垢则存在于残渣中,该再生过程是一种清洁、环保的废润滑油再生工艺。研究表明,由该工艺得到的再生润滑油已达到新油基础油的技术指标。

杨村等[45]利用分子蒸馏技术再生废润滑油,其质量可达到或超过原基础油质量标准。尹英遂等[46]以汽修厂内燃机油为原料设计了多级分子蒸馏,进行了基础油馏分的窄分技术研究,试验结果表明,三级分子蒸馏馏分代表性指标分别符合 MV1100、MV1250 和 MV1350 基础油技术标准,总再生率为 92.1%。吴云等[47]利用二级刮膜式分子蒸馏技术考察了分子蒸馏操作参数(温度、真空度、进料流量等)对废内燃机油、废液压油及废混合油再生基础油色度的影响,并对其影响原理进行了分析。该项研究对优化分子蒸馏运行的经济性具有重要意义。

3.2.3 蒸馏-加氢工艺

蒸馏可以去除废轧制油中的轻质烃和水分,同时还可以将再生后得到的基础油分为不同馏分。加氢工艺与蒸馏不同,加氢工艺能够有效去除废油中的非理想组分。国际动力学技术公司把蒸馏工艺和加氢工艺结合在一起,开发了新的 KTI 工艺,工艺流程如图 3.13 所示。首先对废油进行预闪蒸,除去废油中的水和轻烃,之后再通过 2 台蒸馏塔(薄膜蒸发

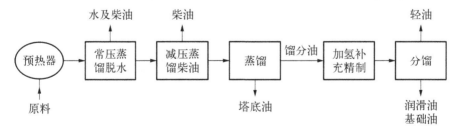

图 3.13　KTI 工艺流程图[48]

器），去除柴油，同时将基础油分为不同馏分，经蒸馏后进行加氢精制，最后通过闪蒸、干燥等流程，得到再生油。

20世纪80年代，美国基于KTI工艺，开发了CEP-Mohawk工艺，该工艺的特点是在高压条件下，采用标准催化剂加氢，催化剂有效期可达8～12个月，同时该工艺可以带来良好的经济效益。20世纪90年代，美国新开发了一套蒸馏-加氢的再生废油装置，而该厂是全球最大的废油再生厂，具有一个废油回收网，且规模非常大。哈伯兰特矿油精制公司位于多尔伯根，该企业采用KTI工艺，将最原始的硫酸-白土工艺转变为蒸馏-加氢工艺。同时，希腊也建造了一套相同的蒸馏-加氢再生废油装置。

目前，将减压蒸馏与加氢精制相结合的工艺在废润滑油再生中应用较为广泛，技术已经相当成熟。Kajdas[49]对国外的加氢精制工艺进行了总结，主要包括BERC/NIPER加氢精制工艺。BERC工艺是由美国能源中心（Bartlesville Enegry Research Center of the US Department of Energy)研究开发的一种无酸工艺，主要特点是利用混合有机溶剂（正丁醇：异丙醇：甲乙酮＝2：1：1)对废矿物油进行萃取、离心处理，除去废矿物油中的非理想组分。混合溶剂和废矿物油的比例通常为3：1。废矿物油经溶剂精制后，再经减压蒸馏蒸出馏分，所得馏分再进行加氢精制或白土补充精制即可得润滑油基油。除此之外，国外加氢精制工艺还包括DCH加氢精制工艺、Reviviol加氢精制工艺、PROP加氢精制工艺、IFP/Snamprogetti加氢精制工艺、UOP Hylube加氢精制工艺、Mohawk加氢精制工艺等。这些工艺主要包括3个处理过程：① 预处理除去轻质组分、水分等；② 通过蒸馏得到不同条件下的馏分；③ 加氢精制。

在我国，虽说废油的处理技术相对落后，但也有很多对加氢技术的研究。万素绢等[50]制备以 $SiO_2 - Al_2O_3$ 为载体、W 为活性组分的加氢精制催化剂 $W/SiO_2 - Al_2O_3$，考察了温度、氢压、氢油体积比和空速等因素对 $W/SiO_2 - Al_2O_3$ 催化加氢再生废油的影响。结果表明，在精制温度为 260℃、反应压力为9.0MPa、氢油体积比为700：1和空速为 $1.25\,h^{-1}$ 的条件下,废润滑油的氮含量从 63.4 μg/g 降至 0.9 μg/g,硫含量从 110.2 μg/g 降至 0.32 μg/g,液体油收率为 92.7%,运动黏度、闪点、凝点接近生产用油标准,加氢精制效果较理想。姚光明等[51]提出了一种以加氢为主、多种方法为辅的再生方法,主要操作过程:首先对废润滑油实施脱水、过滤和吸附等预处理,脱除其中的沥青质、机械杂质、水分、胶质和大部分重金属杂质;然后在装有保护剂的反应器中进行预加氢精制进一步脱除杂质;最后进入加氢主反应器,在催化剂的作用下实现加氢精制,使原料油中的非理想组分加氢饱和,产物进行分馏切割。该方法可将废润滑油再生为基础油或调和组分,废润滑油回收率可达 90% 甚至更高。

冯全等[52]以 Al_2O_3 为载体、Ni－MO 为活性组分,自行制备出 FDS－1 型加氢催化剂,采用加氢精制工艺对废润滑油进行再生处理,得到最佳生产工艺:当压力为 5 MPa、反应温度为 320 ℃、氢气与废润滑油的体积比为 400:1 时,再生得到的润滑油基础油黏度指数为 117,闪点达到 210 ℃,再生油的品质得到极大改善。图 3.14 为蒸馏-加氢再生工艺用于处理废润滑油的流程图。

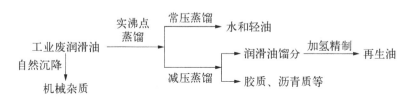

图 3.14　废润滑油蒸馏-加氢再生工艺流程图

3.3　溶剂精制工艺

溶剂精制工艺是目前国内外工业上处理废润滑油的主要工艺。溶剂精制工艺的原理是根据所使用的有机溶剂对废润滑油中的基础油成分和杂质如氧化产物、胶质、沥青质、短侧链稠环芳烃、极性较强的物质以及变质的添加剂等的溶解度的不同,选择合适的操作仪器和操作条件,将废润滑油中的有害杂质去除,最后将废润滑油中的有用组分和有机溶剂进行蒸馏回收,得到合格的润滑油基础油。其中,较常用的有机溶剂有醇类、醛类、酮类等[53]。

3.3.1 单溶剂萃取

基础油中非理想组分,常用溶剂为糠醛、苯酚和 NMP 等。传统的萃取剂糠醛利用的是其极性接近非理想组分,如芳烃、喹啉氧化产物以及含氧化合物等,即对废油中理想组分和非理想组分的溶解度不同。糠醛作为传统工业常用的萃取剂,虽然有着较好的精制效果,但却避免不了自身的不足。颜晓潮[54]基于工业常用萃取剂糠醛对设备具有腐蚀性以及对人体有危害的缺点,研究了具有类似结构且损害较小的糠醇再生废润滑油的效果,80 ℃的再生温度、1.5 的剂油比,废油中的胶质以及短侧链芳烃等杂质被有效去除,且废油回收率超过 90%。极性溶剂 NMP(N-甲基吡咯烷酮)也是一种具有较好选择性和溶解能力的溶剂,能萃取出废润滑油中的非理想成分,如酸性氧化物质、多环短侧链的芳烃以及多环和杂环化合物等,再经白土补充精制,可获得色度较好、黏度低的基础油。图 3.15 为溶剂精制工艺用于废润滑油再生的流程图。

李志东等[55]以 NMP 萃取非理想组分,优化了精制工艺条件,改善了润滑油基础油的质量,并去除了油中的有机酸等杂质。作为极性较强的乙醇溶剂,其对废润滑油中的氧化物选择性强,但存在去除其他杂质效果差、油与溶剂不易分离等缺点,与之相比,糠醛和 NMP 回收后的油品较光亮且精制程度深,达到我国基础油 HVI 标准,但在剂油比和精制温度等方面,NMP 较糠醛更具优势[56]。用于废润滑油再生絮凝的有无机和有机絮凝剂两大类。絮凝剂是在加入溶剂后通过物理化学的电中和、架桥吸附、网捕和卷扫等作用,使胶质粒子失稳后相互间碰撞凝聚、沉淀以除去杂质[57]。陈世江[58]针对废润滑油选取了无机和有机 2 种絮凝剂,一次絮凝利用 Na$_2$CO$_3$,二次絮凝使用聚酰胺树脂,进行两级连续处理,絮

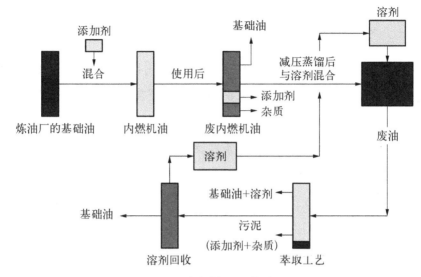

图 3.15　溶剂精制工艺流程图

凝出大量杂质，为后续处理提供了条件。溶剂精制废润滑油是当下无酸
工艺中应用较广泛的一类。较常用的是酮类和醇类等溶剂，其利用自身
弱极性将废润滑油有效组分溶解抽提出来，同时使固体颗粒、胶质、沥青
质等杂质絮凝沉淀，此法常被称为萃取-絮凝法。非极性溶剂也可达到类
似的再生效果[59]。

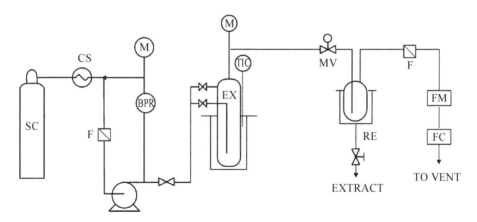

SC—丙烷气瓶;CS—冷却系统;BPR—背压调节器;EX—提取器;MV—计量阀;RE—酯接收
器;FM—流量计;FC—流量计算机

图 3.16　试验提取系统示意图[59]

3.3.2 复合溶剂萃取

润滑油基础油的理想组分多为饱和烃,利用相似相容性质,可向极性萃取剂中加入少量烃来改善对废润滑油的溶解能力,在起萃取作用的同时还可降低溶液的黏度。宋巍[60]比较了环氧氯丙烷-糠醛复配溶剂和糠醛单一溶剂对润滑油馏分的精制条件,糠醛与环氧氯丙烷以1:1的体积比构成的复配溶剂在低于单一溶剂精制温度25 ℃时精制得到的再生油黏度指数提高了4~6倍,收率提高了1%~3%。李璐等[61]也分别探讨了单溶剂(糠醛)和双溶剂(糠醛与环氧氯丙烷)在废润滑油再生中的应用,结果表明,使用双溶剂再生得到的润滑油基础油要比单溶剂得到的润滑油基础油质量高,进一步确定了双溶剂的最佳工艺:环氧氯乙烷与糠醛的体积比为1.5:1,双溶剂与废润滑油的体积比为1:1。由此可见,可以通过复合溶剂改变单一溶剂的缺点。图3.17为单溶剂与双溶剂在废润滑油再生中的应用流程。图3.18为溶剂精制在废润滑油再生中的流程图。

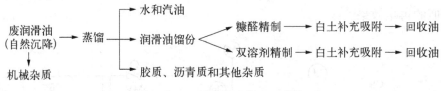

图 3.17 试验工艺流程图[61]

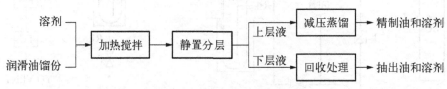

图 3.18 溶剂精制流程图[61]

王利芳等[62]通过加入醇类辅助剂,如正丁醇和表氯醇,微调糠醛极性,进一步提高了萃取效率,改善了再生润滑油的质量。NMP 要好于糠醛,但为了降低成本的同时保证再生油质量,韩丽君等[63]采用 N‑甲基吡咯烷(NMP)双溶剂参与复配,双溶剂 NMP 和乙醇胺不发生化学反应,相互间的缔合作用明显改善了非理想组分的萃取效果。V(乙醇胺)$/V$(NMP)$=5/95$,精制油品收率为 89.85%,40 ℃下黏度为 30.89 mm²/s,100 ℃下黏度为 5.60 mm²/s,25 ℃下折光率为 1.450,黏度指数为120.4,凝点为 -28.8 ℃,色度为 2.0,闪点为 219.6 ℃,硫质量分数为0.057%,满足了 API‑1509 基础油分类标准Ⅱ类对黏度指数以及硫含量等方面的要求,且也降低了操作成本。醇酮作为良好的抽提‑絮凝剂,常配以适宜的有机或无机絮凝剂以及烃类等溶剂加以协助,以达到更好的废油再生效果。杨鑫等[64]以乙二胺为絮凝剂,分别以正丙醇、异丙醇和正丁醇为萃取剂,考察了剂油比、精制温度和精制时间等精制因素,在最优条件下再生后,废润滑油在黏度指数、闪点、灰分和金属元素等因素上基本符合 HVI150 基础油指标,且再生油产率均超过 80%。有机胺能够中和废润滑油中的有机酸并絮凝金属盐和其他杂质,常用有机胺絮凝剂还有二乙烯三胺、聚丙烯酰胺、乙醇胺等。另外,常用的有机溶剂还有季铵盐。该絮凝剂带正电荷,能够与油样中的阴离子型清净分散剂发生竞争吸附,进而使被清净分散剂吸附包裹的非理想成分释放絮凝出来。无机絮凝剂能够中和废润滑油中胶团的异种电荷,抵消胶团间的斥力,使颗粒凝聚。

3.3.3　国外溶剂萃取技术

Dos‑Reis 等[65]将多种不同的有机溶剂应用到废润滑油再生工艺中,偶然发现碳原子数为 4 的有机溶剂再生得到的润滑油基础油质量较高,在同为 4 个碳原子的有机溶剂中,正丁醇除杂效果最好;同时,也发现了不同溶剂的溶解度参数对去除废润滑油中杂质的效果有影响,并通过进一步试验确定了异丙醇和正己烷与废润滑油之间的最佳比例,异丙醇:正己烷:废润滑油质量比为 0.55∶0.20∶0.55。Al‑Zahrani 等[66]使用丙醇、正丁醇、甲乙酮、三氟三氯乙烷和氟三氯甲烷这5种有机溶剂对废润滑油进行溶剂精制,将 Hildebrand 和 Peng-Robinson 公式相结合得出结论:有机溶剂对废润滑油中基础油的提取能力和其本身的溶解能力有一定的关系。Rincón 等[67-68]从再生油的回收率和理化性能2个方面评估了甲乙酮、2-戊醇、2-戊酮、异丁醇和异丙醇这5种有机溶剂在废润滑油再生中的处理效果,发现当碳原子数目相同时,有机溶剂的用量越大,再生油的回收率越高,同时还发现醇类溶剂的除杂效果比酮类溶剂的除杂效果要好。图 3.19 为溶剂萃取回收旧润滑油的工艺流程图。

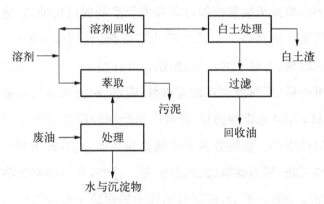

图 3.19 使用溶剂萃取回收旧润滑油的示意图

Martins[69]将正己烷、异丙醇和正丁醇三者混合作抽提溶剂应用到废润滑油再生中,得到试验结果:当正己烷:异丙醇:正丁醇:废润滑油质量比为 0.35:0.32:0.08:0.25 时,再生得到的润滑油基础油质量最好,且此工艺再生得到的润滑油基础油比硫酸-白土精制工艺得到的润滑油基础油品质要好。Sterpu 等[70]则使用甲乙酮、正丁醇和异丁醇作为抽提溶剂,研究发现,当溶剂和废润滑油的质量比为 4:1 时,再生油的品质最好。Mohammed 等[71]分别采用丙酮、石油醚、四氯化碳、正丁醇、正己醇和正己烷等有机溶剂进行废润滑油处理,将溶剂抽提工艺和吸附工艺相结合,得到了润滑油基础油,其黏度、闪点、倾点、水分等理化性能均有了明显的改善。Rincón 等[72]以质量比为 3/1 的异丙醇/MEK(甲乙酮)

为复合萃取剂,为更深度地去除氧化物和金属元素添加一定量的 KOH,获得了标准为 SN - 130 的基础油。

溶剂精制工艺虽然可以得到高收率、高品质的再生油,但此工艺也存在不足之处,主要是精制过程需要大量的溶剂、溶剂的价格昂贵、回收溶剂耗能大、成本高且工艺流程较复杂。这些问题均大大制约了溶剂精制工艺的发展,使其难以实现大规模推广。

3.3.4　超临界萃取

超临界为超临界流体,是一种既非气态又非液态,介于气液之间的物态。超临界流体同时具备液体与气体的部分性质:密度较大与液体相仿,黏度又较接近气体。Zougagh 等[73]通过对超临界流体萃取与传统溶剂索氏萃取方法、超滤萃取及高速溶液萃取进行比较,得出超临界流体萃取具有高效、快速、用量少和无污染的独特优点。

纯净的超临界 CO_2 流体对小分子有机化合物具有很好的溶解性,且纯流体的扩散系数高,无毒无腐蚀。同时,如果适当添加表面活性剂,可使如高分子聚合物、沥青、重油等许多分子质量较大的物质溶解在超临界 CO_2 中。因此,超临界 CO_2 流体是研究较多的用于废油再生的流体。汪廷贵等[74]采用 CO_2 作为萃取剂,将亚临界流体萃取工艺用于拔头废油再生润滑油基础油,CO_2 流量为 30 L/h,萃取温度为 25 ℃,萃取时间为 3 h,通过单因素试验考察了亚临界 CO_2 萃取一、二、三、四线拔头废油时萃取压力对再生油收率的影响,并对再生油的运动黏度、密度、闪点等主要理化性质和锌、铁、锰等主要金属元素含量进行测定。结果表明:当萃取一、二、三、四线拔头废油萃取压力分别为 10、12、12、12 MPa 时,再生油收率分别可达 88.12％、74.96％、77.36％、73.19％。

其实,不仅 CO_2 在超临界状态下有较好的溶剂性,很多有机物也有较好的溶解性。邵敏等[75]进行了超临界丙烷萃取废润滑油的研究,试验表明,超临界丙烷对废油中酸性变质氧化物具有较强的萃取能力。

Rincón 等[76]以液态、超临界流体状态、气态 3 种不同状态的丙烷、乙烷为溶剂,考察不同温度、压力下溶剂对再生废油的效率、产率及氧化产物、含金属化合物的去除量。研究表明:液态溶剂处理效果最佳,液态丙烷温度为 90 ℃、压力为 30 kg/cm²、时间为 4.5 h 时,再生油质量最好,产率达 80%;液态乙烷温度为 25 ℃、压力为 100 kg/cm²、时间为 5 h 时,再生油质量最佳,产率达 80%。图 3.20 为超临界流体萃取分馏装置。

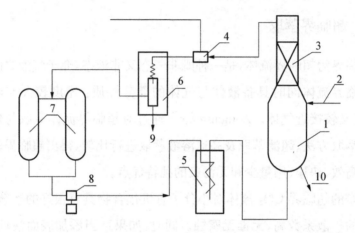

1—萃取段;2—废油进料;3—分馏柱;4—压力控制系;5—溶剂加热器;
6—溶剂分离器;7—溶剂罐;8—溶剂泵;9—抽出油;10—残余物。

图 3.20　超临界流体萃取分馏装置[77]

3.4　膜分离工艺

本节主要介绍膜分离工艺在废润滑油再生的研究情况,包括工艺特点、膜材料的选择、影响膜分离效果的因素、膜分离强化措施以及膜分离工艺中存在的问题。

3.4.1　膜分离工艺的特点

膜分离技术是一种新型分离技术,是最近几十年发展起来的,特点是高效无污染,其工作原理很简单,主要是以膜两侧物质的浓度差异、负载的电荷以及外界施加的压力等为传质动力,使被处理对象中的理想成分透过薄膜析出而非理想组分被薄膜截留下来,此分离技术与传统的分离技术相比,主要有以下几个特点[77]。

(1) 灵活性强且易实现。膜分离工艺设备简便,易集成到其他工艺中,可以根据被处理对象的分离要求选用不同结构、类型的膜;另外,一般由膜两侧的浓度差异、负载电荷的差异以及外界施加的压力等提供操作推动力,很容易实现。

(2) 分离高效且能耗低。膜分离工艺为纯物理分离工艺,被分离对象中的组分不发生化学变化,没有相变的时间,大大提高了分离效率;同时,此工艺环境友好无污染,且不需要外界提供大量能量来维持工艺运转,能耗低。

(3) 独特的用途。例如,可以在不损害被分离物质的前提下实现对化学药品和食品蛋白的分离、对细小微生物(如病毒、细菌)的分离、对共沸物的分离等。

膜分离技术作为一种新型的流体分离技术,在很多行业中已经取得了引人瞩目的成就,尤其是在水处理行业中的应用,已经成为中水回收和污水深度处理的主要发展方向。膜分离技术在废润滑油回收处理方面存在着巨大的潜力,此技术可以相对提高再生油产率,减少吸附精制工艺中吸附剂的使用量,从而减少对环境的二次污染。但是,废润滑油的杂质成分过于复杂,重质组分含量较高导致其黏度较大,且有些成分具有一定的腐蚀性,在生产过程中还需要考虑 3 个重要问题:① 膜污染问题;② 膜过滤通量小的问题;③ 再生油品质问题。因此,选择适宜的膜材料至关重要。

目前,膜分离技术在废润滑油回收处理方面的报道还很少,只有少数学者对其进行了研究报道。Miyagi 等[78]采用聚合物平板膜对使用的煎炸油进行回收处理,发现处理后的煎炸油中,总极性物质和氧化产物含量分别从 42% 和 48% 下降到 32% 和 14%,使用后煎炸油的黏度和色泽均达到了新油的性能指标要求,但再生煎炸油中的磷脂和有色化合物的减少可能会影响油的稳定性。Mynin 等[79]以石墨和陶瓷为基体制备出无机陶瓷膜,并将其应用在 3 种不同的废润滑油处理中。研究结果表明,处理后的废润滑油的品质得到了极大改善,且在 0.6 MPa 的操作压力下持续工作,膜的过滤通量基本稳定在 $4 \sim 6$ L/(m² · h⁻¹)。Li 等[80]在其专利中提到,对废润滑油加热可以将其含有的杂质成分活化,然后利用沉降原理可以去除部分颗粒杂质,在恒温条件下抽真空可脱除大部分水分,最后采用大小合适的中空纤维膜对预处理后的油样进行过滤分离,可最终得到再生油。范益群[81]提出了一种处理废润滑油的方法,首先将废润滑油经过粗过滤预处理,然后将预处理后的润滑油加热后倒入装有改性陶瓷膜的设备中,最后对经过膜过滤分离得到的润滑油进行真空脱水,从而得到润滑油基础油。

甘露等[82]采用震动膜技术对废矿物油进行回收处理,并对处理前后矿物油的理化性能进行对比,发现经过处理后的矿物油中的金属元素含量、含水量、黏度、酸度、灰烬、含硫量等均有所降低,且此方法不会破坏废润滑油中的有用组分。图 3.21 为震动膜技术在废油回收工艺流程图。

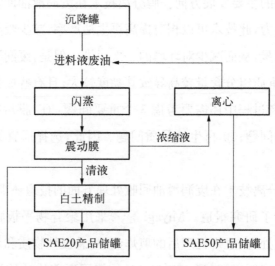

图 3.21 震动膜技术废油回收工艺流程图[82]

Cao 等[83]采用聚醚砜膜、聚偏氟乙烯膜和聚丙烯腈膜这 3 种不同的中空纤维膜来处理废润滑油。研究表明,膜过滤分离可以有效去除废润滑油中的粉尘和金属颗粒杂质,且经过膜分离之后得到的再生油的黏度、闪点等理化性能均得到了较好的改善。

3.4.2 膜材料的选择

废润滑油中的有害污染物种类繁多,且具有一定的腐蚀性,在应用膜分离技术对废润滑油进行回收处理时,需从再生的效果和膜的使用寿命等方面选择适宜的膜材料。从膜材料的角度进行分类,可以分为两大类:一类是有机膜,一般由有机高分子聚合物或复合物制备而成,常见的有机材料有聚醚砜(PES)、聚偏氟乙烯(PVDF)、聚丙烯腈(PAN)、醋酸纤维素(CA)、聚酰亚胺(PI)以及氟聚合物、芳香族聚酰胺等;另一类是无机膜,一般由无机金属、非金属材料制备而成,常见的无机材料有二氧化硅(SiO_2)、氧化铝(Al_2O_3)、二氧化锆(ZrO_2)、二氧化钛(TiO_2)、碳化硅(SiC)等[84]。

无机膜虽然具有许多优点,如良好的耐酸耐碱性、产生的膜污染小、机械性能强、耐高温的同时兼备耐低温属性、使用的循环周期长等[85],但无机膜的组件和元件价格昂贵、投资成本高、材料易破碎,且在使用过程中也会存在一些高温密封的安全隐患,使用之后的无机膜清洗难度大,如果损坏,将很难修复,因此并没有得到广泛推广。从经济效益的角度出发,有机膜的优势要大于无机膜,将有机膜应用到废润滑油的处理过程中,如果能够采用合适的方法做好废润滑油的预处理,不仅可以增长有机膜的循环使用周期,还可以增加膜分离的效率;使用之后的废膜清洗方便,或废膜可以直接经过煅烧等处理,制备成多孔碳材料,可再次应用到废润滑油再生处理过程中,或应用到二氧化碳吸附等其他应用中。目前,随着对无机膜的不断研究,改性的有机膜已经表现出良好的性能,在很多方面可以替代无机膜。图 3.22 为 4 种不同类型的膜反应器。

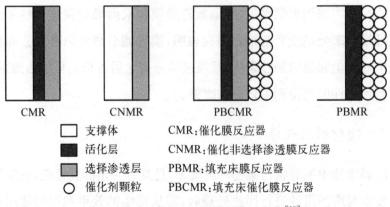

CMR   CNMR   PBCMR   PBMR

□ 支撑体   CMR：催化膜反应器

■ 活化层   CNMR：催化非选择渗透膜反应器

▨ 选择渗透层   PBMR：填充床膜反应器

○ 催化剂颗粒   PBCMR：填充床催化膜反应器

图 3.22　4 种不同类型的膜反应器[85]

3.4.3　影响膜分离效果的因素

将膜分离技术应用到废润滑油再生中，影响再生油效果的因素主要有以下几点[86]。

（1）膜分离的操作方式。膜分离技术应用到流体分离中主要有 2 种方式，分别是死端过滤和错流过滤。其中，运用错流过滤方式得到的再生油效果较好，这是因为错流过滤模式在操作中，被分离流体会产生剪切力，其可以消除浓差极化的现象并减少污染物在膜表面沉积。

（2）分离膜的孔径大小。膜孔径大小的选择不仅关系到废油再生的效果，还与膜污染密切相关，为此选择合适的膜孔径非常重要。膜孔径的选择需要结合分离对象和溶液中杂质颗粒的大小来确定。润滑油的化学组成复杂，是烷烃、环烷烃、芳香烃和环烷芳香烃以及这些烃的含氧、含硫和含氮衍生物的混合物，再加上适量的添加剂成分。从化学组成上看，润滑油基础油碳原子数为 20～70，相对分子质量在 250～1 000，或者更高；而中间馏分，碳原子数为 25～30，相对分子质量在 250～500，占 93.4%。由陶瓷膜的筛分机理可知，若选用截留分子量为 500 的纳滤膜，则相对分子质量大于 500 的分子或离子都将被清除。此外，废润滑油中的主要杂质为胶质、沥青质、炭黑等，其粒径一般处于超滤和微滤的范围，因此选择

超滤膜可将杂质去除。Duong 等[87]在用陶瓷膜超滤重油时,选用孔径为
0.02～0.1 μm 的膜,发现与 0.02 μm 的膜相比,孔径为 0.1 μm 的膜也
能够有效去除重油中的沥青质,且通量较大。Smith[88]的研究也表明,在
一定的膜孔径范围内,选择较大的膜孔径能够达到同样的分离效率,且可
以提高膜过滤通量,可能的原因是陶瓷膜分离过程中除了筛分机理外还
有吸附、架桥和覆盖层的分离作用,可用膜孔窄化模型解释。

(3) 膜分离的操作条件。影响膜分离的操作条件主要为料液温度、
膜面流速和跨膜压差、废油的物理性质,如黏度、密度等与温度关系密切。
随着温度的升高,润滑油黏度会降低。当温度从 40 ℃升高到 100 ℃时,
润滑油的黏度从 6.7 mm²/s 降到 10 mm²/s,油品黏度指数为 13.3。根
据达西定律,膜过滤通量与待分离液体的黏度成反比,降低润滑油黏度,
可以提高膜过滤通量。Mynin 等[79]在试验中采用的膜分离温度大于
50 ℃,取得了较高的过滤通量。

Bottino 等[89]认为废油属于高黏度流体,即使膜面流速达到 6 m/s,
流体流态仍旧是层流;在膜分离高黏度流体时,膜面流速对过滤通量没有
影响,可见膜面流速对过滤通量的影响还没有定论。试验研究发现,随着
膜面流速的增加,膜过滤通量呈直线上升趋势,通量与流速的相关性达到
95%,且在膜分离技术处理废内燃机油的试验中,温度对通量的影响最
大,其次是跨膜压差和膜面流速。图 3.23 为具有不同通道管状膜的测试
模块。

3.4.4　膜分离强化措施

润滑油黏度大,油品杂质含量高,存在膜过滤通量较低、膜污染严重
等问题,严重限制了膜分离技术在废油再生中的应用。通量较低的主要
原因在于废油的黏度较高,废油的黏度一般是水的上百倍,20 ℃时水的动
力黏度为 0.001 Pa·s,运动黏度为 1.0×10^{-6} m²/s。根据达西定律,常规
条件下润滑油的过滤通量比水通量小 2 个数量级。为了减小油品的黏度,

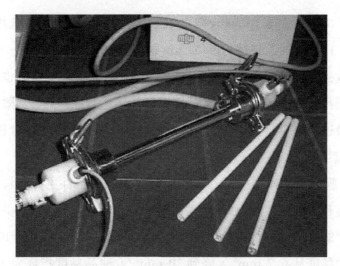

图 3.23 具有 3 个通道管状膜的测试模块[89]

提高膜过滤通量,国内外学者根据润滑油的特点找到一些有意义的方法。

(1) 升高温度。由于有机膜在高温条件下性能较差,一般在 40 ℃以下工作。Kutowy 等[90]在其专利中虽然提出了膜分离技术用于废油的再生利用,但由于膜材料的限制,其操作温度较低,过滤通量仅为 20～70 kg/(m² · d)。有机膜与油品会发生溶胀现象,从而减少有机膜的使用寿命,因此有机膜不适合应用于废油再生。陶瓷膜具有耐高温的特点,在废油再生上具有很大的优势。Tan[91]在其专利中提出了在操作温度为 50～250 ℃时进行膜分离法再生润滑油以提高膜过滤通量。

(2) 应用超临界流体技术。超临界流体是一种特殊的流体,既有液体的溶解能力,又有气体良好的流动和传递性能。Rodriguez 等[92]在实验室条件下过滤清油,加入了超临界 CO_2,利用在超临界状态下 CO_2 流体兼有气液两相的双重特点来降低润滑油的黏度。试验发现,当压力在 150 MPa 时,废润滑油的黏度从 25 mPa · s 降低到 5 mPa · s,减少了 80%。Sarrade 等[93]用陶瓷膜超滤处理废摩托车机油,发现加入超临界 CO_2 后,废润滑油的黏度降低了 3%～4%,陶瓷膜的过滤通量提高了 4 倍,可见超临界流体在降低润滑油黏度、提高膜过滤通量方面表现较好;

但采用超临界技术,膜分离装置运行在高压状态下,对装置的密封性要求极高,且 Sarrade 等的研究表明,若压力选择不当,膜过滤通量反而会减小。图 3.24 为用于废润滑油再生的具有错流过滤系统的试验装置。

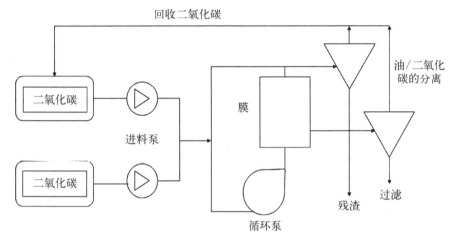

图 3.24　用于错流过滤的试验装置[93]

(3) 应用超声波技术。当超声波在介质中传播时,由于超声波与介质的相互作用,介质发生物理和化学变化,产生一系列力学、热、电磁和化学的超声效应。王廷耀[94]在废食用油燃料化的研究中,首次深入研究了超声波的降黏机理,发现在声强为 47 W/cm^2、处理时间为 32 min 的条件下,废油的黏度降低了 12～12.5 cp,达到 2.35 cp。但是,采用超声波技术有很大的风险,由于超声波的空化效应,它可以在空化泡破裂的微小范围内产生 5 000 ℃ 的高温和 50.7 MPa 的高压,并伴有强烈的冲击波和微射流,对有机物有一定的降解能力。Chai 等[95]在研究 45 kHz 的超声波对葡聚糖溶液渗透通量和截留率的影响时发现,超声波对料液中葡聚糖的相对分子质量有一定的影响。超声波的这种降解能力可能会破坏润滑油的分子结构。因此,当废油再生时采用超声波技术降黏需慎重考虑。

(4) 加入有机溶剂。低黏度的有机溶剂和润滑油混合,能够降低润滑油的黏度。Ciora 等[96]在试验中采用体积分数为 50% 的煤油和废油混合,混合后油品的黏度由 37.2 mm²/s 降低到 10.2 mm²/s。在用膜分离技术去除食用油中磷脂酸的试验中,Souza 等[97]在研究去除植物油脱胶时加入了不同体积的己烷,试验表明,己烷的存在改变了胶体在油中的存在状态,从而使黏度变小。试验在一个卫生的中试装置中进行,如图 3.25 所示。该装置包含 1 个夹套进料罐(配有盖子以防止溶剂蒸发)、1 个防爆容积泵和用于调节进料速度的变频器、1 个转子流量计、2 个压力表和 1 个温度计。通过阀门的控制和泵的发动机旋转同时进行操作条件的调整,以罐夹套中的水循环保持温度。

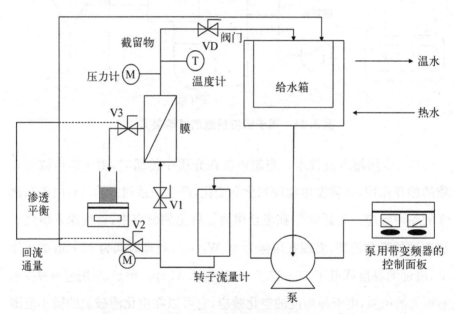

图 3.25 试验中采用的导频滤波单元方案[97]

(5) 采用其他方法。降低润滑油黏度还有其他方法,如利用非牛顿流体在高剪切力作用下黏度下降的特点,大幅提高流体的流动速度,降低油品黏度,显然这种方法能量消耗大;也有采用加入化学添加剂改变润滑油黏度的方法,如 Donald 等[98]在处理废油时加入了一种叫聚烷氧基烷基胺(poly alkoxy alky lamine)的物质以提高膜分离的速度,这种方法需要后续工艺中将添加剂和油品分离,且废弃的添加剂可能污染环境。除了通过降低油品黏度来提高膜过滤通量外,近年来,超频震动膜的应用也是一种新颖的强化膜分离方法[99]。超频振动膜系统通过在膜面产生正弦切力波,可有效阻止颗粒物质在膜面沉积,且强剪切力能够使沉积在膜面的物质返回到料液中去,抗堵塞能力强,能量利用率高,运行费用低。香港正昌集团采用伟思 VSEP 振动膜处理装置开发出 VMAT 废油再生系统,该系统能够长时间稳定运行经 VMAT 过滤出的产品,产品质量优良,由化验报告可知其磷、锌、钙大幅降低。

3.4.5 膜分离工艺存在的主要问题

目前,膜分离工艺已经实现了化学药品、食品蛋白、细小微生物、共沸物等混合物的分离,尤其是在废水处理行业中,已经获得了大量的试验数据、数学与物理建模,在国内的废水处理厂已经得到了大规模推广。同时,国内外专家、学者对含油废水[100-101]也做了大量的研究。但是,在废润滑油处理方面,还没有得到广泛的应用,主要是因为废润滑油的黏度较大,其杂质成分复杂,且具有一定的腐蚀性,在分离的过程中存在膜通量小和膜污染等问题。

1) 膜通量问题

将膜分离技术应用到废润滑油再生中会存在膜通量小的问题,其主要原因是废润滑油的黏度太大,其黏度要比水的黏度大百倍,相应地,废润滑油的膜通量要比水的膜通量小百倍。为了解决废润滑油过滤时膜通量小的问题,国内外许多学者对此进行了试验研究。

Sarrade 等[93]使用无机膜对模型化合物(聚合物、标准油)进行了分离,同时采用超临界技术,对未采用超临界技术分离模型化合物进行了对比,发现在同样压力的操作条件下,采用超临界技术的渗透通量约是未采用超临界技术渗透通量的 4 倍。王延耀[94]采用无机陶瓷膜分离技术和超声波处理技术对废弃食用油进行了物理处理,研究发现,当超声波强度为 47 W/cm² 、处理时间为 32 min 时,废润滑油的黏度下降最大。Marcia

等[102]采用平均孔径为 0.05 μm 的多通道氧化铝陶瓷膜对植物油进行了过滤分离,在渗透通量和去除磷脂等方面进行了探究,结果表明,磷脂的去除率为 65%~93.5%,再生油的颜色得到较好的改善,切向速度对渗透通量的影响要大于跨膜压差,加入的己烷可以有效减少植物油的黏度,渗透通量可高达 120 kg/(h·m²),且己烷的使用量对磷脂的截留有一定的影响,使用量越大,磷脂的去除率越高。Tan[91]在其专利中提到,将废润滑油加热,可以有效降低废润滑油的黏度,从而增大膜分离时的过滤通量。

唐建伟等[86]对前人的研究进行了查阅,得出提高膜过滤通量的方法在于降低油品的运动黏度,而降低油品运动黏度的方法主要有 4 种,其优缺点如下。

(1) 升高温度。与其他方法相比,将废润滑油温度升高的方法是一种最方便的降低废润滑油运动黏度的方法,但此方法不适合大规模生产,且高温可能会破坏废润滑油中的有效成分,同时由于有机膜的耐高温性能较差,不适合在此方法中使用有机膜来分离废润滑油。

(2) 应用超临界流体技术。超临界流体技术是一种对操作要求非常严格的技术,应用此技术虽然对降低废润滑油的运动黏度具有明显效果,但其对设备要求较高,缺乏传质传热材料的理论数据支撑,且如果压力选择不当,可能会导致渗透通量减小。

(3) 应用超声波技术。超声波技术是一种无污染的处理技术,特点是处理速率快、效率高,利用超声效应可以将废润滑油中的重质组分杂质粉碎溶解,从而降低废润滑油的运动黏度,增大膜分离过程的过滤通量;但是,超声波技术会使废润滑油中的成分发生物理和化学变化,对有机物有降解能力,可能会破坏废润滑油中有用成分的分子结构。因此,选用超声波技术来降低废润滑油黏度时需慎重考虑。

(4) 加入有机溶剂。将低黏度的有机溶剂加入废润滑油中,可以有效改善废润滑油的黏度,但这样做会增加后处理的操作工序,且某些有机溶剂毒性较大、价格昂贵，不适合长期投资生产。

2）膜污染问题

在使用膜分离技术处理废润滑油过程中，废润滑油的成分较复杂，且具有一定的腐蚀性，以及使用的分离膜的特性和分离组件的结构等因素均会产生膜污染问题，膜使用寿命减短、膜过滤通量小的问题均会接踵而来。从产生膜污染问题的角度出发，结合废润滑油和分离膜的特性以及分离组件的结构等方面考虑，可以采用以下几种方法来减少膜污染。

（1）采用预处理。将废润滑油经过高温沉降、自然沉降、絮凝等预处理，可以预先去除部分有害杂质，再进行膜分离工艺，这样就可以在一定程度上延长分离膜的循环使用周期，在减少膜污染的同时提高膜分离效率。

（2）采用改性的膜。根据废润滑油的特性对分离膜的表面进行改性，可以减少废润滑油中有害成分与分离膜表面之间的作用力，从而减少膜污染。

（3）采用合适的膜元件和组件。更改操作设备的结构以及操作条件等，可以减少溶质与粒子在膜表面的浓度，采用错流过滤模式降低分离膜表面的浓差极化，进一步减少膜污染。

Rodriguez 等[92]在超临界条件下，通过注入 CO_2 气体来降低矿物油的黏度，在 40～80 ℃使用合适的无机膜分离矿物油，对比发现，采用超临界 CO_2 技术大大提高了膜的渗透通量，但当工作压力低于一定压力时，会产生膜污染。Hafidi 等[103]采用氧化铝膜分别对添加磷脂的葵花油和未添加磷脂的葵花油进行过滤分离试验，结果表明，少量磷脂的存在会增加膜污染，其最可能的原因是在膜润湿的一瞬间，有快速吸附现象发生，导致磷脂在分离膜的表面形成一层超分子结构，进一步结垢形成膜污染。Mynin 等[79]使用无机陶瓷膜对废润滑油进行分离过滤，提出废润滑油中含有尺寸大小与膜孔径大小差不多的杂质颗粒，这些杂质颗粒在分离的过程中会在膜两侧产生的推动力下进入分离膜的孔径中,堵塞膜孔,这样不仅会减小膜通量,还会影响再生油的品质,产生的膜污染将会很难清洗。

3.5 絮凝处理工艺

本节主要介绍絮凝处理工艺应用于废润滑油再生中的研究情况,包括不同类型的絮凝剂、絮凝原理以及应用实例的介绍。

3.5.1 絮凝剂的作用原理

假设粒子以明确的化学结构凝集,且彼此的化学作用使得胶质粒子处于不稳定状态,当发生凝结作用时,胶体粒子失去稳定作用或发生电中和,不稳定的胶体粒子相互碰撞而形成较大的颗粒。加入絮凝剂时,胶体粒子离子化,并与离子表面形成价键,为克服离子间的排斥力,絮凝剂会随搅拌及布朗运动使粒子间产生碰撞,当粒子逐渐靠近时,氢键及范德华力使得粒子集成更大的颗粒,碰撞一旦开始,粒子便经由不同的物理化学作用而开始凝聚,较大颗粒粒子从油中分离而沉降[104]。

1) 电中和作用

以胶体形态分散在油中的杂质粒子带有同种电荷,因而粒子间有2种作用力,相斥的电性力和相吸的万有引力,且每个粒子周围都有1个一定半径的球形引力场。为使分散的粒子能够结合,即实现凝聚,就必须使粒子间的距离缩小到小于其引力场半径,这只有在粒子丧失其所带电荷的情况下才能做到,而加入絮凝剂就是为了中和这些粒子的电荷[105]。因此,电中和作用就是在悬浮物中加入与胶体粒子带相反电荷的絮凝剂,使胶体颗粒的 Z 电位降低到足以克服 DLVO 理论中所说的能量障碍而产生絮凝沉淀的过程。

2) 架桥吸附作用

溶液中胶体和悬浮物颗粒通过有机或无机高分子絮凝剂活性部位的

吸附作用形成胶粒-絮凝剂-胶粒结构的絮体,从溶液中沉淀下来。此过程中,胶粒与胶粒之间并不是直接接触,而是借助高分子聚合物连接在一起。高分子絮凝剂具有线性结构以及与胶粒表面某些部位起作用的化学基团。当高聚物分子与胶粒接触时,基团与胶粒表面产生特殊作用而相互吸附,高聚物分子的其余部分则伸展在溶液中,与另一个表面有空位的胶粒吸附,这样聚合物就起到了架桥连接的作用。高分子絮凝剂吸附在固体颗粒物表面时主要有环式、尾式、列车式 3 种吸附形态。聚合物在胶粒表面的吸附来源于各种物理化学作用,如范德华引力、静电引力、氢键、配位键等,取决于聚合物同胶粒表面的化学结构特点[106]。

3) 网捕和卷扫作用

絮凝剂在溶液中能够形成高聚合度的多羟基化合物,这些化合物和脱稳后的颗粒物共同充当絮体的凝结核。由于絮凝和凝聚作用,絮体逐渐长大,这些絮体在沉降过程中会黏附溶液中较小的颗粒物和其他絮体,促使或加速它们的沉降。网捕和卷扫作用与絮体的体积、分散度和紧密度有关[107]。

3.5.2　絮凝剂的分类

1) 无机絮凝剂

无机絮凝剂含有正离子、负离子或二者兼有的电解质。将含有相反电荷离子的无机絮凝剂加入废油中,相反电荷的离子被带电的胶体粒子吸附,中和胶质粒子所带的电荷,消除分散粒子间相斥的电性力,使粒子间的引力场起作用,实现凝聚。董元虎等[108]针对废压缩天然气/汽油两用燃料发动机油优化设计絮凝试验,考察了硅酸钠溶液浓度、硅酸钠溶液添加量、搅拌温度、搅拌时间、搅拌速度、沉降温度和沉降时间等因素对废机油再生质量的影响,得出最佳工艺参数:硅酸钠溶液质量分数为 20%,硅酸钠溶液加量为 10%,搅拌温度为 75 ℃,搅拌时间为 20 min,搅拌速度为 1 000 r/min,沉降温度为 70～80 ℃,沉降时间为 16 h 以上。

2) 有机絮凝剂

有机低分子絮凝剂大多为相对分子质量较小的有机分子,往往对某一类废油有着较好的絮凝效果。丁福臣[109]通过废发动机油再生的试验,筛选出一种由极性溶剂与烃类组合的复合萃取-絮凝溶剂。当溶剂组成比为 1∶1、剂油比为 3∶1 时,再生油质量优于传统酸-白土精制油,并接近基础油 500SN 的质量标准。刘晶晶[110]筛选出一种烃基季铵盐阳离子絮凝剂十六烷基三甲基溴化铵,试验将其配成一定浓度的水溶液,加入预处理废发动机油中,发现该絮凝剂不仅分层现象明显,还具有良好的絮凝特性。张贤明等[111]通过筛选选取了絮凝剂二乙烯三胺处理废发动机油,其特殊的氨基基团使废油中的氧化物钝化,同时通过其吸附架桥、网捕卷扫作用把废油中的积炭、颗粒、胶泥等缠绕包裹起来,在外界提供动力下脱稳沉淀,絮凝效果显著。表 3.4 为不同废发动机油处理后的理化性质以及新油的理化性质对比。

表 3.4　不同油的理化参数[111]

理 化 参 数	废磨合油	絮凝处理后	白土精制后	SC40新油
酸值/(mg·g^{-1})	0.393 9	0.087 2	0.070 9	0.078 8
黏度/(mm^2·s^{-2})	74.8	102.5	109.2	168.5
残炭/%	0.161 7	0.128 8	0.070 5	0.448 9
微水/(×10^{-6})	56	40	36	39
机械杂质/%	0.113 2	无	无	无
闪点/℃	136	199	211	248

有机高分子絮凝剂大多具有巨大的线性分子,每一个大分子又由许多链节组成,与胶体微粒有着极强的吸附作用,絮凝架桥能力较强,絮凝效果优异,且较无机絮凝剂有使用剂量小、适用范围广、絮凝速度快、受

pH 及温度影响小等优点。张圣领等[112]以石油破乳剂 DPA2031(一种树脂缩合型聚氧丙烯聚氧乙烯醚)为絮凝剂,经絮凝、吸附再生废柴油,再生油理化指标符合国家标准。熊道陵等[113]开发出一种聚氧乙烯去水山梨醇多油酸酯类的絮凝剂再生废油,研究结果表明,在絮凝剂添加质量分数为 5%、反应温度为 80 ℃左右、反应时间为 30 min、恒温沉降温度为 80 ℃、沉淀时间为 20 h 的试验条件下,再生油透光率最好,各项指标可达新油标准。

3) 复合型絮凝剂

复合型絮凝剂是指 2 种或 2 种以上的物质经过改性或在特定条件下进行一系列化学反应生成新物质,并使废油中胶体或微粒产生絮状沉淀效果的一种新型絮凝剂。单一絮凝剂在使用中由于具有投加量大、絮体较松散、运行成本高等缺点,发展受制约,而复合型絮凝剂不仅克服了以上缺点,还提高了絮凝处理的效率,适用范围更广泛。表 3.5 为几种复合絮凝剂及其反应机理。

表 3.5　几种复合絮凝剂及其反应机理[107]

名　　称	简　称	程　序	配　比
聚合氯化铝铁	PAFC	Al+Fe+OH	
聚合硅酸硫酸铝	PSiAS	$Al_2(SO_4)_3$+PSi	
聚合硅酸铝	PASiC	PAC+PS Al+PSi+OH	[Al]/[Si]$\geqslant$5
聚合硅酸铁	PFSiC	PFC+PSi Fe+PSi+OH	[Fe]/[Si]>1.0
聚合铁硅酸	PSiFC	Fe+PSi+OH	[Fe]/[Si]<1.0
聚合硅酸铁铝	PAFSi	Al+Fe+PSi+OH	
聚合铝-聚丙烯酰胺	PACM	PAC+PAM	

名　　称	简　称	程　序	配　比
聚合铁-聚丙烯酰胺	PFCM	PFC+PAM	
聚合铝-甲壳素	PAPCh	PAC+PCh	
聚合铝-有机阳离子	PCAT	PAC+PCat	

注：〔　〕表示物质的浓度。

（1）复合絮凝剂的协同效应。

协同效应是指在分子水平上不同絮凝剂分子特性基团在胶体颗粒表面的相互作用使絮凝剂分子之间、絮凝剂分子与界面之间的作用力和空间几何位置等关键因素发生变化，从而使吸附层更加牢固和紧密，增加和提高了絮凝剂的絮凝性能。

（2）无机复合型。

无机型复合絮凝剂主要是在传统的聚合铝盐、铁盐及聚硅酸的基础上添加或引入 Ca^{2+}、Mg^{2+}、SO_4^{2-}、PO_3^{4-} 等离子中 1 种或几种，构成复合型无机高分子絮凝剂。此类絮凝剂能够提供大量的多羟基络合离子，可强烈吸附胶体或微粒，通过架桥作用，可促进胶体或微粒凝聚，同时还会发生物理化学变化，中和胶体微粒及悬浮物表面的电荷，降低 Z 电位，使胶体离子由原来的相斥变成相吸，促使胶体微粒相互碰撞，形成絮状混凝沉淀，絮凝效果较单一的无机絮凝剂优异[113]。

（3）有机复合型。

有机复合絮凝剂是将有机高分子絮凝剂之间，以及有机高分子絮凝剂和天然高分子絮凝剂之间进行复合，提高有机絮凝剂的吸附架桥能力与电中和能力，并通过复合天然有机絮凝剂来避免人工有机絮凝剂的毒性问题；同时，扩大天然有机絮凝剂的应用范围，通过对天然有机絮凝剂的改性和复合，使原本分子链短、吸附架桥能力弱的天然有机絮凝剂有更大的应用范围[114]。张圣领等[112]采用带中间键的磺酸盐阴离子表面活性剂和聚氧乙烯型非离子表面活性剂作复配絮凝剂,对废润滑油进行再生处理。经分析,净化后的油品中非理想元素 Zn、Pb、Ca、P 等含量显著降低,再生后的油品理化指标符合国家标准。

3.5.3 抽提絮凝

1) 抽提絮凝原理

抽提絮凝是利用醇类、酮类、烃类等有机极性溶剂的选择溶解能力,将分散在废油中的固体颗粒所吸附的清净分散剂溶解下来,使固体粒子絮凝。这些溶剂对相对分子质量较小的物质,即废润滑油基础油成分溶解能力强,对胶质、沥青质、生物灰质、聚合性添加剂等相对分子质量较大的物质溶解能力差,因此相对分子质量较大的物质和固体粒子一起沉降下来。在抽提絮凝过程中,溶剂一方面从废油中抽提出润滑油基础油成分,另一方面将废油中的杂质絮凝沉降下来[115]。

抽提絮凝常用的溶剂有异丙醇、正丁醇、甲乙酮等极性溶剂。一般情况下,醇和酮的相对分子质量越大,对基础油的溶解性就越好,但对杂质的絮凝能力会下降。碳原子数在 3 个或 3 个以下的醇和酮,由于不能完全溶解基础油而不能单独进行抽提絮凝过程。通常作为抽提絮凝溶剂的主要是含有 4 个碳原子的醇或酮,但它们的沉淀能力又不够好,因此常采用混合溶剂来改善单一溶剂使用时的不足[116]。

2) 抽提絮凝的应用

王华[117]针对某汽修店的废内燃机油,选取异丙醇和正丁醇做抽提絮凝溶剂,以 V(异丙醇):V(正丁醇)=3:1、抽提温度为 60 ℃、抽提时间为 30 min、V(溶剂体积):V(油的质量)=5:1 的最佳条件,进行抽提絮凝。结果表明,此试验可以去除废润滑油中大多数的添加剂和胶质、沥青质等杂质。刘晶晶[110]针对废发动机润滑油,筛选出正丁醇、异丙醇、甲乙酮(体积比为 2:1:1)的混合溶液作为抽提絮凝剂,以最佳温度为 50 ℃、最佳剂油比为 3∶1 的条件进行抽提絮凝。结果表明,经过抽提絮凝方法预处理的废发动机润滑油,絮凝出大部分杂质,为进一步再生奠定了基础。李瑞丽等[118]以丁酮、异丙醇复合抽提絮凝溶剂对 4S 店回收的废柴油机油进行处理,得到最佳精制条件:m(丁酮)∶m(异丙醇)为 3∶1,剂油比为 3∶1,精制温度为 40 ℃,精制时间为 30 min。结果表明,使用复合溶剂减少了溶剂用量,精制油的收率提高,精制油的性质明显改善。

3.6　催化再生工艺

本节主要介绍催化再生工艺在废润滑油再生中的应用,包括催化脱色、催化裂化和催化加氢,并阐述各个工艺的催化原理、流程示意图以及应用实例。

3.6.1　催化脱色

新油在使用过程中易受工作环境影响,造成油品性质发生变化。外观表现在颜色变化,如润滑油从透明的黄色液体逐渐变为不透明的黑色液体。研究发现,这是因为外界因素造成烃类化合物发生复杂的自由基链式反应,产生了以酸类、皂类、芳香烃类、胶质、沥青质类化合物为代表的劣化有色物质,从而使油品的性质和颜色发生变化,其反应机理如下。

链初始反应:

$$\text{Iint H} + \text{O} \longrightarrow 2\text{Iint} \cdot + \text{HO}_2 \cdot \tag{3-1}$$

$$\text{Iint H} + \text{HO}_2 \cdot + \text{RH} \longrightarrow 2\text{R} \cdot + \text{产物} \tag{3-2}$$

链传递反应:

$$\text{R} \cdot + \text{O} \longrightarrow 2\text{RO}_2 \cdot \quad \text{RO}_2 \cdot + \text{RH} \longrightarrow \text{R} \cdot + \text{ROOH} \tag{3-3}$$

链终止反应:

$$R \cdot + R \cdot \longrightarrow 稳定产物 \tag{3-4}$$

$$RO_2 \cdot + RO \cdot \longrightarrow 稳定产物 \tag{3-5}$$

$$2RO_2 \cdot \longrightarrow RO \cdot + ROH + O_2 \tag{3-6}$$

$$RO_2 \cdot \longrightarrow RO \cdot + h\nu 2ROOH \longrightarrow RO_2 \cdot + R \cdot + H_2O \tag{3-7}$$

$$ROOH \longrightarrow RO \cdot + HO \cdot \tag{3-8}$$

式(3-1)～式(3-8)中，Iint H 为引发剂；$HO_2 \cdot$ 和 $RO_2 \cdot$ 为过氧化物自由基；$R \cdot$ 为烃自由基；ROOH 为过氧化物；$RO_2 \cdot$ 为激发态酮。

　　尽管选择吸附法、絮凝脱色法等物理方法可将废油中的劣化极性物和芳香烃等有色污染物吸附聚集以去除废油中的有色物，但是这些有色物仅是从废油中分离出来，它们依然附着在吸附剂上，或与絮凝剂形成二次污染物。更重要的是，脱色再生得到的油品容易返色。因此，这类物理脱色方法不能彻底解决问题。近年来，利用现有技术结合催化剂加氢脱色复合技术再生废油成为研究热点，已受到广泛关注。究其原因，其实质是利用催化剂进行加氢反应，即废油中成色官能团与氢气发生反应，生成相应的加氢化合物，不仅从源头上去除了废油中的杂质，还改变了油品的性质，从而彻底实现了油品的脱色。

　　在欧洲应用的 Kleen 工艺将蒸馏和催化加氢技术联合使用，以 Ni/Mo 催化剂为加氢催化剂，对废润滑油进行再生处理。该技术可将废润滑油中的多环芳烃去除，获得品质理想的基础油、燃料油及沥青油；由 Viscolube 公司自主研发的 RE-VIVOIL 工艺能够有效脱除废润滑油中的各类劣化产物，对废润滑油有很好的脱色效果，反应后得到的残渣还可用作沥青调和组分或重质燃料，整个工艺无二次污染物排放，对环境无污染，且该工艺的润滑油再生回收率可达 72.63%，沥青收率可达 12%[119]。刘建锟等[120]首先对废润滑油进行过滤、脱水、真空蒸馏处理，然后进行催化加氢反应，得到的再生油品色度小于 2.0，脱色效果显著。冯全等[121]

选择常压和减压蒸馏模式对废润滑油进行预处理,再以 Ni-Mo 担载 γ-
Al_2O_3 的 FDS-1 型加氢催化剂对预处理后的废润滑油进行催化加氢反
应,产生的再生油呈浅黄色,色度为 2.9。图 3.26 为废润滑油蒸馏-加氢
在废润滑油再生中的工艺流程示意图。

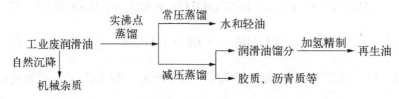

图 3.26　废润滑油蒸馏-加氢再生工艺流程示意[121]

3.6.2　催化裂化

有些废油不可能再生成国家达标的油品,如混有残渣燃料油的废油
或餐饮废油,即使通过良好的精制,所制取的再生油仍然不会达标。将这
些废油通过催化裂化为燃油,不仅可以实现资源利用最大化,还能够提高
产品的附加值。

裂化技术通常是指将大分子碳氢化合物催化裂解为小分子产物。早
期催化裂化的催化剂有酸催化剂(如 Al_2O_3、$AlCl_3$)和碱催化剂(如
MgO、CaO、NaOH)[122]。目前,常用的催化剂主要是过渡金属负载型、分
子筛型(如 HZSM-5、HUSY、HBeta)[123] 和介孔硅铝酸盐型[124]。
Bhaskar 等[125]利用铁基催化剂对废润滑油进行催化裂解。研究表明,
Fe/SiO_2 可以裂解废油中碳原子高达 40 的碳氢化合物,获得高品质燃
油。图 3.27 为对废润滑油进行热处理和催化处理的试验装置。Sinag
等[126]发现,载体性质也对催化裂解具有明显的影响,以 SiO_2 担载的 Ni
催化废润滑油裂解,产生的燃油含有更少量的芳香烃化合物,而使用
HZSM-5 催化剂则获得更多的脂肪烃化合物。

Balat[127]采用催化裂解法从废润滑油中炼制出近似汽油燃料

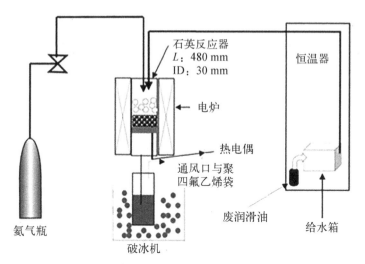

图 3.27　废润滑油热处理和催化处理试验装置[125]

(gasoline-like fuel,GLF),通过优化条件,最高出油率可达 92.5%,所制燃油比汽油辛烷值高,闪点略低于汽油。Permsubscul 等[128]使用硫化氧化锆催化剂对废润滑油催化裂解制取液体燃料。研究表明,石脑油转化率最高可达 20.6%。在同样条件下,煤油、轻质柴油、柴油、残渣、煤气和固体的转化率分别为 9.04%、15.61%、5.00%、23.30%、25.58% 和 0.87%,液体产品主要由 $C_7 \sim C_{15}$ 的正烷烃、$C_7 \sim C_9$ 的支链烷烃、甲苯、乙苯、二甲苯等芳香烃组成。

对于餐饮废油,其催化裂化过程中不仅有常规的催化裂化反应,还有脱水、脱羧、脱酮反应等。中国石油大学(华东)已经在工业装置上进行了减压蜡油掺炼餐厨废油催化裂化试验,结果表明,液化石油气(LPG)中的丙烯质量分数提高了 1.88%,汽、柴油的大部分性质均能满足标准要求。Twaiq 等[129]选择不同孔径的 HZSM-5、HBeta 和 HUSY 分子筛催化转化棕榈油,比较了 3 种分子筛发现,HZSM-5 抗积炭能力最好,HBeta 次之。酸性较强、孔结构与孔体积较独特的 HZSM-5 更倾向于生成汽油组分的烃类,尤其是芳烃中的苯和甲苯;HUSY 有利于生成煤油和柴油组分;而 HBeta 则产生较少的柴油组分。提高 HZSM-5 中的 Si/Al 比,汽油和煤油的产率会上升,而气相产物和柴油的产率则会下降,同时芳烃也会下降[130]。由此可以看出,分子筛催化裂化的主要产物是直链型和环状烷烃与烯烃、醛、酮、羧酸、水和气态产物。产物组分多、积炭严重、含氧组分高阻碍了其直接应用为液态燃料。因此,研究者们还需继续探索高选择性的催化剂。

3.6.3 催化加氢

催化加氢精制不同于催化裂化,在反应过程中不会明显将原料裂解成低分子质量物质,是石油化工精炼中非常重要的工艺过程。近年来,催化加氢精制在废油再生中得到了广泛应用。通过加氢处理既可以对废油中的非理想组分进行去除,也可以将一些非理想组分转化为理想组分,从而改变油品的基本性质,获得需求的产品。由于废油不同于原油,含有水分、杂质、添加剂等,一般与其他净化技术结合运用,如 Hy Lube 的蒸馏−加氢精制流程,该工艺处理后的废润滑油可以达到高质量基础油的标准,收率可达 70%。抚顺石油化工研究院采用自主研发的吸附剂联用加氢催化剂对废润滑油进行处理,其回收率为 85%[131]。中国石化采用自主开发的硫化态金属催化剂对食用油等多种原料进行加氢处理,所得精制油的收率为 77%～89%[132]。这类油品的密度、闪点、冰点和沸程满足生物航煤 ASTMD 7566 - 11 标准要求。加氢过程是一个气−液−固三相复杂的反应体系,既有在催化剂表面进行的反应,又有在催化剂颗粒间进行的热反应;既有液−固反应,又有气−固反应,且催化反应包括 HDS、HDM、HDN 和加氢饱和等多种反应。图 3.28 为发生在废润滑油再生中的典型催化加氢反应[133]。

典型的加氢催化剂主要有 Ni、Co、W、Mo 等过渡金属及其合金、硫化物等。Pasadakis 等[134]评价了一系列载体(γ - Al_2O_3、SiO_2、ZrO_2、YSZ)担载的 Ni/Mo、Co/Mo、Ni/W、Co/W 催化剂应用于废润滑油的加氢处理工艺,其研究重点集中于利用最少量的氢气脱除废油中的硫和芳香烃。

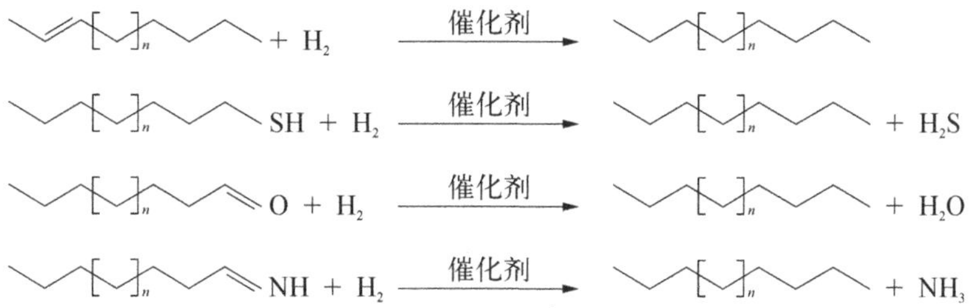

图 3.28　典型的催化加氢反应[133]

其中，Al_2O_3 担载的 Ni/M 催化剂具有最好的催化性能，但耗氢量最高；ZrO_2 担载的催化剂加氢性能也不差，但耗氢量明显少得多。Muntean 等[135]采用原子层沉积和满孔浸渍法制得 $Pd/SiO_2/Al_2O_3$ 催化剂，将其与典型的 Ni/Mo 或 Co/Mo 催化剂进行对比，发现 $Pd/SiO_2/Al_2O_3$ 对废润滑油进行加氢精制的温度明显降低；核磁共振光谱表明，原子层沉积制得的 $Pd/SiO_2/Al_2O_3$ 具有更好的催化活性和选择性。Tiwari 等[136]将介孔 Ni - W/SiO_2 - Al_2O_3 和 Ni - Mo/Al_2O_3 两类催化剂应用于废大豆油和精炼厂油的混合油。其中，Ni - W/SiO_2 - Al_2O_3 具有更好的催化裂化选择性，可获得更多的煤油段产品；而 Ni - Mo/Al_2O_3 的催化裂化能力较弱，更适合进行加氢精制，有利于将废油转化成内燃机油。Zhang 等[137]采用水热合成法制得纳米结构的 CoMoS 催化剂，并应用于餐饮废油的加氢精制再生工艺研究中。结果显示，加氢脱羧基化（HDC）的活性是加氢脱氧（HDO）反应的 3 倍，但由于 CoMoS 中的硫在反应过程中逐渐损失，催化剂的 HDC 失活较快。动力学模型研究表明，餐饮废油中的脂肪酸通过形成醛/醇类中间物种，最终获得 C18 碳氢化合物。若选择具有路易斯酸的载体担载 CoMoS，则可以选择性进行加氢脱氧反应，获得高质量的生物柴油。

参考文献

［1］BATTALOVA S B, LIKEROVA A A. Influence of strength of acid centers of adsorbents on degree of finishing of lubricating oils［J］.

Chemistry and Technology of Fuels and Oils, 1986, 22(4): 191 - 194.

[2] ARAUJO M A S, TELLES A S. Adsorption of oxidation products from lubricating oils using commercial adsorbents[J]. 1995.

[3] 王仕仙, 徐建生. 废润滑油吸附再生研究[J]. 设备管理与维修, 2009(3): 55 - 57.

[4] 姜桂兰, 张培萍, 金为群, 等. 膨润土加工与应用[M]. 北京: 化学工业出版社, 2005.

[5] 赵娟, 韦藤幼, 潘远凤, 等. 碱性白土的制备及其脂肪酸脱除机理研究[J]. 广西大学学报(自然科学版), 2011(3): 379 - 384.

[6] MUKHERJEE S, PARIATAMBY A, SAHU J N, et al. Clarification of rubber mill wastewater by a plant-based biopolymer-comparison with common inorganic coagulants[J]. Journal of Chemical Technology & Biotechnology, 2013, 88(10): 1864 - 1873.

[7] BAKAR A F A, HA LIM A A, HANA FIAH M M. Optimization of coagulation-flocculation process for automotive wastewater treatment using response surface methodology[J]. Nature Environment and Pollution Technology, 2015, 14(3): 567 - 572.

[8] 肖力, 何楚亮. 一种废润滑油再生的方法: CN109280575A[P]. 2019 - 01 - 29.

[9] 张玉名. 一种废润滑油再生方法: CN103266008B[P]. 2014 - 10 - 01.

[10] 林木茂, 林宇. 一种废润滑油再生用白土吸附精制方法: CN109705972A[P]. 2019 - 05 - 03.

[11] SANG G, PI Y, BAO M, et al. Biodegradation for hydrolyzed polyacrylamide in the anaerobic baffled reactor combined aeration tank[J]. Ecological Engineering: The Journal of Ecotechnology, 2015, 84: 121 - 127.

[12] AZIZ B K, ABDULLAH M A, KAUFHOLD S. Kinetics of oil extraction from clay used in the lubricating oil re-refining processes and re-activation of the spent bleaching clay [J]. Reaction Kinetics, Mechanisms and Catalysis, 2021, 132(1): 347 - 357.

[13] 徐高扬, 陆明. 船用废润滑油的再生[J]. 中国资源综合利用, 2003(12): 14 - 16.

[14] 杜凤.分子蒸馏技术在石油化工中的应用[J].化工管理,2017(4):195-195.

[15] 潘利祥,任立明,吴斌,等.一种废润滑油再生基础油的工艺方法:CN102373108B[P].2013-09-25.

[16] 赵敏仲,孙达,赵占群.一种废润滑油再生方法:CN102161930B[P].2012-12-26.

[17] MATTSON J S, MARK H B. Infrared internal reflectance spectroscopic determination of surface functional groups on carbon[J]. Journal of Colloid & Interface Science, 1969, 31(1): 131-144.

[18] AL-GHOUTI M A, AL-DEGS Y S. New adsorbents based on microemulsion modified diatomite and activated carbon for removing organic and inorganic pollutants from waste lubricants[J]. Chemical Engineering Journal, 2011, 173(1): 115-128.

[19] YU C, QIU J S, SUN Y F, et al. Adsorption removal of thiophene and dibenzothiophene from oils with activated carbon as adsorbent: Effect of surface chemistry[J]. Journal of Porous Materials, 2008, 15: 151-157.

[20] 陈世军,王硕,蔡迪宗.新型废润滑油再生工艺条件筛选与优化研究[J].石化技术,2017,24(3):56,60.

[21] MOHAMMED R R, IBRAHIM I A R, TAHA A H, et al. Waste lubricating oil treatment by extraction and adsorption[J]. Chemical Engineering Journal, 2013, 220: 343-351.

[22] 王云芳,张坤,蒋超,等.用过渡金属改性硅胶吸附剂脱除焦化柴油中的氮化物[J].石化技术与应用,2011,29(4):299-302.

[23] FANG Y T, LIU T, ZHANG Z C, et al. Silica gel adsorbents doped with Al, Ti, and Co ions improved adsorption capacity, thermal stability and aging resistance[J]. Renewable Energy, 2014, 63: 755-761.

[24] 张盼.硅镁吸附材料的制备及其在生物柴油精制过程中的应用[D].青岛:中国海洋大学,2013.

[25] 柴湘君,徐庆涛,高俊杰,等.废油精制用脱色吸附剂聚硅酸镁制备和测试[J].广州化工,2013,41(8):7-9.

[26] 李智.利用电厂粉煤灰再生劣化抗燃油的试验研究[J].热力发电,2001(5):497-498.

[27] 何水清.浅述粉煤灰在废润滑油再生中的应用[J].中国资源综合利用，2002(7)：23-24.

[28] 杨林,蔡凤.粉煤灰在废润滑油再生中的应用研究[J].粉煤灰综合利用，1997(2)：19-22.

[29] 欧阳平,范洪勇,张贤明,等.粉煤灰对模拟废润滑油中水的吸附动力学[J].环境工程学报,2016(9)：5191-5196.

[30] AL-DEGS Y S, GHRIR A, KHOURY H, et al. Characterisation and utilization of flyash of heavy fuel oil generated in power stations[J]. Fuel Processing Technology, 2014, 123：41-46.

[31] 汪冰,丰伟悦,赵宇亮,等.纳米材料生物效应及其毒理学研究进展[J].中国科学(B辑 化学),2005,35(1)：1-10.

[32] 叶华,刘爱菊.802分子筛高效吸附剂在变压器油再生中的应用[J].华北电力技术,1996(12)：64-65.

[33] 王素莉.高效低钠 ReY 型分子筛的合成与应用[D].郑州：郑州大学,2009.

[34] 吴云,张贤明,陈彬,等.聚丙烯酸钠树脂孔径调节及油水选择吸附平衡控制[J].石油学报(石油加工),2013(3)：470-474.

[35] KIATKAMJORNWONG S, CHOMSAKSAKUL W, SONSUK M. Radiation modification of water absorption of cassava starch by acrylic acid/acrylamide[J]. Radiation Physics & Chemistry, 2000, 59(4)：413-427.

[36] 孙向玲.天然纤维素纤维对油液介质的吸附性能研究[D].上海：东华大学,2010.

[37] 纪俊敏,毕艳兰,杨国龙.酸化稻壳灰用于废煎炸油脱色工艺的研究[J].食品工业科技,2007,28(10)：139-141.

[38] HAMAD A, AL-ZUBAIDY E, FAYED M E. Used lubricating oil recycling using hydrocarbon solvents [J]. Journal of Environmental Management, 2005, 74(2)：153-159.

[39] OLGA T, OLEG T, CLAIRE R. Photodegrading properties of soil humic acids fractionated by SEC-PAGE set-up：Are they connected with absorbance[J]. Journal of Photochemistry and Photobiology A：Chemistry, 2007, 189：247-252.

[40] 赵丽,王萍.腐殖酸及其衍生物在水处理中的应用[J].环境污染与防治,

2004(2)：159 - 159.

[41] AUDIBERT F. Waste engine oils[M]. Amsterdam：Elsevier Science，2006.

[42] 朱宝璋，刘松，冯志豪.分子蒸馏技术在石油化工中的应用[J].化工进展，2009，28(s1)：41 - 44.

[43] 张贤明，郭豫川，陈彬，等.分子蒸馏技术在废润滑油再生中的应用[J].应用化工，2012，41(8)：1452 - 1455.

[44] 周松锐，尹英遂，王媛媛，等.短程蒸馏技术在废润滑油再生工艺中的应用[J].化工进展，2006(11)：130 - 133.

[45] 杨村，于宏奇，冯武文.分子蒸馏技术[M].北京：化学工业出版社，2003.

[46] 尹英遂，冯明，黄卫星.废润滑油再生分子蒸馏窄分技术应用研究[J].现代化工，2010，30(2)：66 - 69.

[47] 吴云，张贤明，陈国需.分子蒸馏条件控制对废润滑油再生馏分色度的影响[J].应用化工，2014(1)：42 - 45.

[48] 侯文贵，刘国成.废润滑油再生技术的研究进展[J].材料导报，2018，32(s2)：254 - 256.

[49] KAJDAS C. Major pathways for used oil disposal and recycling. Part 2[J]. Lubrication Science，2010，7(2)：137 - 153.

[50] 万素绢，于廷云，周美玲，等.W/SiO$_2$ - Al$_2$O$_3$ 催化剂对高黏度润滑油基础油的加氢精制[J].工业催化，2011，19(1)：53 - 53.

[51] 姚光明，罗继刚，何清玉，等.废润滑油加氢再生催化剂及其制备方法：CN101041139A[P]. 2007 - 09 - 26.

[52] 冯全，王玉秋，吴桐.废润滑油加氢再生工艺研究[J].石化技术与应用，2014，32(5)：408 - 412.

[53] AL-ZAHRANI S M，MD PUTRA. Used lubricating oil regeneration by various solvent extraction techniques [J]. Journal of Industrial & Engineering Chemistry，2013，19(2)：536 - 539.

[54] 颜晓潮.废润滑油的糠醇抽提再生精制工艺研究[D].武汉：武汉科技大学，2011.

[55] 李志东，朴香兰，朱慎林.润滑油 N-甲基吡咯烷酮精制工艺条件的优化[J].炼油设计，2001(1)：16 - 19.

[56] 莫娅南，郭大光，张延雪.溶剂精制法回收废润滑油[J].石油与天然气化

工,2007,36(2):124-126.

[57] 张贤明,杨小平,欧阳平,等.废润滑油絮凝再生的研究进展[J].现代化工,2014,34(1):48-51.

[58] 陈世江.废润滑油絮凝-吸附再生工艺的研究[D].西安:长安大学,2010.

[59] MANUEL A, JERONIMO M S. Waste lubricating oil rerefining by extraction-flocculation. 2. A method to formulate efficient composite solvents[J]. Industrial & Engineering Chemistry Research, 1990, 29(3): 432-436.

[60] 宋巍.润滑油双溶剂精制的实验成果[J].化工设计,2004,14(5):11-18.

[61] 李璐,郭大光,吴桐.双溶剂精制法回收废润滑油[J].辽宁石油化工大学学报,2009(4):30-33.

[62] 王利芳,郭大光,任雅琳,等.溶剂辅助糠醛精制废润滑油[J].化工进展,2011,30(2):402-406.

[63] 韩丽君,任雅琳,吴桐,等.工业废润滑油再生工艺的研究[J].辽宁石油化工大学学报,2010,30(4):11-14.

[64] 杨鑫,陈立功,朱立业,等.基于三碳醇溶剂精制再生废润滑油[J].石油学报(石油加工),2012,28(6):1031-1036.

[65] DOS-REIS M A, JERONIMO M S. Waste lubricating oil rerefining by extraction-flocculation. 1. A scientific basis to design efficient solvents [J]. Industrial & Engineering Chemistry Research, 1988, 27(7): 1222-1228.

[66] AL-ZAHRANI S M, PUTRA M D. Used lubricating oil regeneration by various solvent extraction techniques [J]. Journal of Industrial and Engineering Chemistry, 2013, 19(2): 536-539.

[67] RINCÓN J, IZARES P C, GARCÍA M T, et al. Regeneration of used lubricant oil by propane extraction[J]. Industrial & Engineering Chemistry Research, 2003, 42(20): 4867-4873.

[68] RINCÓN J, IZARES P C, GARCÍA M T. Improvement of the waste-oil vacuum-distillation recycling by continuous extraction with dense propane [J]. Industrial & Engineering Chemistry Research, 2006, 46(1): 266-272.

[69] MARTINS J P. The extraction flocculation re-refining lubricating oil

process using ternary organic solvents［J］. Industrial & Engineering Chemistry Research，1997，36(9)：3854 - 3858.

[70] STERPU A E, DUMITRU A I, POPA M F. Regeneration of used engine lubricating oil by solvent extraction［J］. Ovidius University Annals of Chemistry，2012，23(2)：149 - 154.

[71] MOHAMMED R R, IBRAHIM I A R, TAHA A H, et al. Waste lubricating oil treatment by extraction and adsorption［J］. Chemical Engineering Journal，2013，220：343 - 351.

[72] RINCÓN J, IZARES P C, GARCÍA M T. Waste oil recycling using mixtures of polar solvents［J］. Industrial & Engineering Chemistry Research，2005，44(20)：7854 - 7859.

[73] ZOUGAGH M, VALCARCEL M, RÍOS A. Supercritical fluid extraction：a critical review of its analytical usefulness［J］. TrAC Trends in Analytical Chemistry，2004，23(5)：399 - 405.

[74] 汪廷贵,涂晶,吾满江,等. 亚临界 CO_2 萃取拔头废油再生润滑油基础油［J］. 石油炼制与化工,2012,43(4)：51 - 54.

[75] 邵敏,刘淑蕃. 超临界流体萃取分馏再生废润滑油工艺［J］. 石油炼制与化工,1997,32(10)：16 - 19.

[76] RINCÓN J, CANIZARES P, GARCIA M T. Regeneration of used lubricant oil by ethane extraction［J］. The Journal of Supercritical Fluids，2007，39(3)：315 - 322.

[77] 徐南平,邢卫红,赵宜江. 无机膜分离技术与应用［M］. 北京：化学工业出版社,2003：1 - 9.

[78] MIYAGI A, NAKAJIMA M, NABETANI H, et al. Feasibility of recycling used frying oil using membrane process［J］. European Journal of Lipid Science & Technology，2015，103(4)：208 - 215.

[79] MYNIN V N, SMIRNOVA E B, KATSEREVA O V, et al. Treatment and regeneration of used lube oils with inorganic membranes［J］. Chemistry & Technology of Fuels & Oils，2004，40(5)：345 - 350.

[80] LI J, CAO Y, ZHAO H. Regeneration of used lubricating oil involves depositing and heating impurity, preliminary filtering particle, vacuum dehydrating, and performing another heating process and membrane

separation technology using hollow fibrous membrane: CN101070507A[P]. 2007 - 11 - 04.

[81] 范益群. 一种净化废润滑油的方法: CN101280241A[P]. 2008 - 10 - 08.

[82] 甘露, 卢金龙. 震动膜技术在废矿物油处理再生中的应用研究[J]. 有色冶金设计与研究, 2009, 30(6): 24 - 26.

[83] CAO Y H, YAN F, LI J X, et al. Used lubricating oil recycling using a membrane filtration: Analysis of efficiency, structural and composing[J]. Desalination and Water Treatment, 2009, 11: 73 - 80.

[84] 张贤明, 郭豫川, 陈彬, 等. 分子蒸馏技术在废润滑油再生中的应用[J]. 应用化工, 2012, 8(41): 1452 - 1455.

[85] 许培援, 吴山东, 戚俊清, 等. 无机膜及无机膜反应器的发展和应用[J]. 过滤与分离, 2006, 16(2): 22 - 25.

[86] 唐建伟, 吴克宏, 林茂光, 等. 膜分离技术在废油再生中的研究进展[J]. 膜科学与技术, 2010, 30(1): 103 - 107.

[87] DUONG A, CHATTOPADHYAYA G, KWORK W Y, et al. An experimental study of heavy oil ultrafiltration using ceramic membranes [J]. Fuel, 1997, 76(9): 821 - 828.

[88] SMITH K J. Upgrading heavy oil by ultrafiltration using ceramic membrane: US05785860A[P]. 1998 - 07 - 28.

[89] BOTTINO A, CAPANNELLI G, COMITE A, et al. Application of membrane processes for the filtration of extra virgin olive oil[J]. Journal of Food Engineering, 2004, 65(2): 303 - 309.

[90] KUTOWY O, TWEDDLE T A, HAZLETT J D. Method for the molecular filtration of predominantly aliphatic hydrocarbon liquids: US 4814088[P]. 1989 - 03 - 21.

[91] TAN Y. Process for removal of contaminants in oil: WO08/030187P1[P]. 2008 - 03 - 13.

[92] RODRIGUEZ C, SARRADE S, SCHRIVE L, et al. Membrane fouling in cross-flow ultrafiltration of mineral oil assisted by pressurised CO_2 [J]. Desalination, 2002, 144(1 - 3): 173 - 178.

[93] SARRADE S, SCHRIVE L, GOURGOUILLON D, et al. Enhanced filtration of organic viscous liquids by supercritical CO_2 addition and

fluidification. Application to used oil regeneration［J］. Separation & Purification Technology, 2001, 25(1): 315 - 321.

[94] 王延耀. 废食用油的燃料化机理及其燃烧性能的研究[D]. 北京: 中国农业大学, 2004.

[95] CHAI X, KOBAYASHI T, FUJII N. Ultrasound effect on cross-flow filtration of polyacrylonitrile ultrafiltration membranes［J］. Journal of Membrane Science, 1998, 148(1): 129 - 135.

[96] CIORA J R, RICHARD J, LIU P K T. Refining of used oils using membrane-and adsorption-based processes: US06024880A［P］. 2000 - 02 - 15.

[97] SOUZA M, PETRUS J, GONALVES L, et al. Degumming of corn oil/hexane miscella using a ceramic membrane［J］. Journal of Food Engineering, 2008, 86(4): 557 - 564.

[98] DONALD C T, MARVIN M J. Process for fascinating filtration of used lubricating oil: US04789460A[P]. 1988 - 12 - 06.

[99] Dunwell official website. 2008 China national enironmental science and technology awards［EB/OL］.［2008 - 07 - 01］. http://www.dunwellgroup.com.

[100] CHEN L, SI Y, ZHU H, et al. A study on the fabrication of porous PVDF membranes by in-situ elimination and their applications in separating oil/water mixtures and nano-emulsions［J］. Journal of Membrane Science, 2016, 520: 760 - 768.

[101] YU Y, CHEN H, LIU Y, et al. Selective separation of oil and water with mesh membranes by capillarity[J]. Advances in Colloid & Interface Science, 2016, 235: 46 - 55.

[102] MARCIA P S, JOSE C C P, L IRENY A, et al. Degumming of corn oil/hexane miscella using a ceramic membrane［J］. Journal of Food Engineering, 2008, 86: 557 - 564.

[103] HAFIDI A, PIOCH D, AJANA H. Adsorptive fouling of inorganic membranes during microfiltration of vegetable oils[J]. European Journal of Lipid Science & Technology, 2010, 105(3 - 4): 138 - 148.

[104] 严瑞. 水处理剂应用手册[M]. 北京: 化学工业出版社, 2000.

[105] 常青. 水处理絮凝学[M]. 北京：化学工业出版社,2003.

[106] 宁平,徐晓军,朱易. 混凝法在滇池蓝藻暴发期净水除藻的可行性研究[J]. 上海环境科学,2002(3)：160 - 162.

[107] 张海彦. 用于市政废水除磷处理的高效絮凝剂研究[D]. 重庆：重庆大学,2004.

[108] 董元虎,陈世江,尹兴林,等. 废 CNG/汽油两用燃料发动机油絮凝再生工艺[J]. 长安大学学报(自然科学版),2010(4)：96 - 100.

[109] 丁福臣. 萃取-絮凝法再生废润滑油的研究[J]. 北京石油化工学院学报,1995,3(2)：44 - 48.

[110] 刘晶晶. 废汽油发动机油溶剂萃取-絮凝复合再生技术研究[D]. 武汉：机械科学研究总院武汉材料保护研究所,武汉材料保护研究所,2012.

[111] 张贤明,焦昭杰,李川,等. 絮凝-白土复合再生废润滑油[J]. 环境工程,2008,26(2)：47 - 49.

[112] 张圣领,刘宏文,赵旭光. 废柴油再生工艺的研究[J]. 环境工程学报,2003,4(1)：6 - 8.

[113] 熊道陵,熊洧. 新型絮凝剂再生废润滑油工艺研究[J]. 江西科学,2009,27(3)：356 - 359.

[114] 姚剑军. 复合型絮凝剂在水处理中的研究进展[J]. 科学咨询(决策管理),2009(23)：60 - 61.

[115] SCAPIN M A, DUARTE C L, BUSTILLOS J, et al. Assessment of gamma radiolytic degradation in waste lubricating oil by GC/MS and UV/VIS[J]. Radiation Physics & Chemistry, 2009, 78(7 - 8)：733 - 735.

[116] KAMAL A, KHAN F. Effect of extraction and adsorption on re-refining of used lubricating oil[J]. Oil & Gas Science & Technology, 2009, 64(2)：191 - 197.

[117] 王华. 抽提絮凝-白土精制工艺再生废润滑油的研究[D]. 广州：华南理工大学,2012.

[118] 李瑞丽,齐羽佳. 废柴油机油絮凝抽提精制工艺[J]. 石油化工,2013,42(2)：222 - 229.

[119] KUPAREVA A, MÄKI-ARVELA P, YU MURZIN D. Technology for rerefining used lube oils applied in Europe：A review[J]. Journal of Chemical Technology & Biotechnology, 2013, 88(10)：1780 - 1793.

[120] 刘建锟,张忠清,杨涛,等.废润滑油的再生工艺研究[J].当代化工,2013,39(5):490－492.

[121] 冯全,王玉秋,吴桐.废润滑油加氢再生工艺研究[J].石化技术与应用,2014,32(5):408－412.

[122] IDEM R O, KATIKANENSI S, BAKHSHI N N. Catalytic conversion of canola oil to fuels and chemicals: Roles of catalyst acidity, basicity and shape selectivity on product distribution[J]. Fuel Processing Technology, 1997, 51(1－2):101－125.

[123] RENZO F D, FAJULA F. Introduction to molecular sieves: Trends of evolution of the zeolite community[J]. Studies in Surface Science & Catalysis, 2005, 157(5):1－12.

[124] KATIKANENSI S, ADJAYE J D, BAKHSHI N N. Performance of aluminophosphate molecular sieve catalysts for the production of hydrocarbons from wood-derived and vegetable oils[J]. Energy & Fuels, 1995, 9(6):1065－1078.

[125] BHASKAR T, UDDIN M, MUTO A, et al. Recycling of waste lubricant oil into chemical feedstock or fuel oil over supported iron oxide catalysts [J]. Fuel, 2004, 83(1):9－15.

[126] SINAG A, GULBAY S, USKAN B, et al. Production and characterization of pyrolytic oils by pyrolysis of waste machinery oil[J]. Journal of Hazardous Materials, 2010, 173(1－3):420－426.

[127] BALAT M. Diesel-like fuel obtained by catalytic pyrolysis of waste engine oil[J]. Energy Exploration & Exploitation, 2008, 26(3):197－208.

[128] PERMSUBSCUL A, VITIDSANT T, DAMRONGLERD S. Catalytic cracking reaction of used lubricating oil to liquid fuels catalyzed by sulfated zirconia[J]. Korean Journal of Chemical Engineering, 2007, 24 (1):37－43.

[129] TWAIQ F A, ZABIDI N A M, BHATIA S. Catalytic conversion of palm oil to hydrocarbons: Performance of various zeolite catalysts [J]. Industrial & Engineering Chemistry Research, 1999, 38:3230－3237.

[130] TWAIQ F A, MOHAMAD A R, BHATIA S. Performance of composite catalysts in palm oil cracking for the production of liquid fuels and

chemicals[J]. Fuel Processing Technology, 2004, 85: 1283 - 1300.

[131] 熊道陵,杨金鑫,张团结,等.废润滑油再生工艺的研究进展[J].化工进展,2014,33(10):2778 - 2784.

[132] 聂红,孟祥堃,张哲民,等.适应多种原料的生物航煤生产技术的开发[J].中国科学(化学),2014,44(1):46 - 54.

[133] LAM S S, LIEW R K, JUSOH A, et al. Progress in waste oil to sustainable energy, with emphasis on pyrolysis techniques[J]. Renewable and Sustainable Energy Reviews, 2016, 53: 741 - 753.

[134] PASADAKIS N, YIOKARI C, VAROTSIS N, et al. Characterization of hydrotreating catalysts using the principal component analysis [J]. Applied Catalysis A: General, 2001, 207: 333 - 341.

[135] MUNTEAN J V, LIBERA J A, SNYDER S W, et al. Quantitative nuclear magnetic resonance spectroscopy as a tool to evaluate chemical modification of deep hydrotreated recycled lube oils[J]. Energy Fuels, 2013, 27: 133 - 137.

[136] TIWARI R, RANA B S, KUMAR R, et al. Hydrotreating and hydrocracking catalysts for processing of waste soya-oil and refinery-oil mix-tures[J]. Catalysis Communications, 2011, 12: 559 - 562.

[137] ZHANG H, LIN H, WWANG W, et al. Hydroprocessing of waste cooking oil over a dispersed nano catalyst: Kinetics study and temperature effect[J]. Applied Catalysis B: Environmental, 2014, 150: 238 - 248.

第 4 章
油泥再生

废润滑油中有一大类是油泥,油泥中除了含有废润滑油外,还有大量的杂质,如果对这部分油泥不加以处理,会造成资源浪费,因此应该采用适当的方法对其加以利用。本章主要介绍油泥的来源、危害以及处理方法。

4.1 油泥的来源及处理现状

原油在开采及后续的处理加工阶段,会产生大批污泥,污泥主要分为5 个来源:① 原油在集输和处理过程中使用大量的储罐,在处理储罐时会产生大量清罐油泥;② 在开采原油时,会有大量的污水与泥砂;③ 石油在集输过程中因储罐的破损而导致大量的油泥出现;④ 在处理油田污水时,会有大量的浮渣油泥产生[1-2];⑤ 各种石油制品,如润滑油、轧制油、内燃机油重度使用后底部的固体残渣。这些不同来源的油泥若没有得到适当处理,会影响周围的生活环境,从而影响生态环境。

20 世纪六七十年代左右,一些西方国家就开始针对油泥的处理进行分析研究。研究者根据油泥的组成和性质,采用了先进的试验方法和设备对油泥进行相关的试验工作,开发了相关的油泥处理方法和工艺。这些工艺技术的研究与探索,为油泥的进一步清洁化处理提供了一定的方向与见解。相较于发达国家,我国在油田污泥处理上的研究较为浅显,工艺不成熟,且受到经济方面的制约,生产中产生的大量含油污泥尚未得到有效处理。

长期以来,我国对油田污泥的处理方式主要以最原始的掩埋法为主,这种处理方式虽能短期处理油泥,但会占用大面积的土地,且油泥中的一些化学药剂与原油长时间不能分解,堆放掩埋在土地里,会通过渗透影响周围其他土壤与地下水。同时,油泥中含有的一些有机烃也得不到有效回收。伴随经济体制的改革,我国大力发展工业,促进经济发展,政府也注意到石化行业对环境造成的威胁,开始对油泥的处理加强管理力度,也大力提倡环境节约型生产。我国各大油田开始对自己油田污泥的特性与组成,根据国外的一些处理经验与方法,提出了针对性的方案。例如,我国孤岛油田的原油在开采时携带大量的泥砂,针对这些泥砂采用离心法处理[3]。

不同地区的原油开采与处理工艺各有不同,且污水处理系统也有差别,这就使得产生的油泥性质也各不相同。因此,为了能够更有效地将油泥资源化解决,国内外的一些专家研究出不同的处理方法,但不同的处理方式均存在一定的缺陷,难以实现大规模应用。目前,油田处理油泥主要采用物理法、化学法和生物法。物理法与化学法处理含油污泥是通过物理变化和化学反应使油泥得到处理,主要方法有调质-机械分离处理、热处理与溶剂萃取等。生物法处理含油污泥是利用微生物来降解分离原泥中的有机物,主要分为修复技术与直接处理,周期较长,是一种具有发展前景的处理技术[4]。

4.2 油泥的危害

含油污泥已被列入《危险废弃物名录中的》废矿物油类,是一种组成复杂的标黑色柏调状固体废物,一般由水包油、油包水以及悬浮固体杂质组成。除了含有大量的残留油类外,还含有苯系物、酸类、惠、花等恶臭的有毒物质,大量的病原菌、寄生虫等,盐类和多氯联苯、二噁英、放射性元素等难降解的有毒有害物质以及油田在生产过程中投加的大量水处理药剂[5]。此外,油泥还具有黏度高、流动性差、油土难分离等特点。

含油污泥若不经适当处理便随意堆放将占用大量的农用耕地,加重土地资源的紧缺[6];其含有的大量有机组分对人体有致癌作用,挥发到空气中或与人接触会对人体造成严重的健康危害;此外,重金属等组分还会污染土壤,被植物吸收后对植物造成危害,甚至通过植物间接危害人体健康;未经处理的含油污泥经过一段时间后会分解挥发出大量的刺激性气体以及有害物质,严重污染空气。

4.3　油泥的处理

废润滑油数量的增多导致油泥数量的增加,油泥中含有大量的金属杂质,若可以正确处理则对能源利用有积极贡献。本节介绍当前油泥处理的主要方法,包括物理法、化学法和微生物法。了解这些知识有助于对油泥的利用和再生。

4.3.1　物理法

1) 调质-机械分离法

调质、脱水是含油污泥处理系统必不可少的环节。高含水量的含油污泥不能直接进行机械脱水操作,必须先进行调质,通过调质-机械分离,使含油污泥实现油-水-泥的三相分离。此方法在国外已经相当成熟,主要是通过添加不同的药剂,加速油泥的破乳性,使油泥中的固体小颗粒凝聚形成大颗粒,从而形成固液的密度差,然后通过调制,在高速离心机的作用下达到分离的目的。其中,药剂的选择、药剂的用量、搅拌速率、反应温度都是此过程主要考虑的因素[7]。Bock 等[8]针对含油污泥的特点,提出了一种从含有水、油和固体的污泥中分离水和油的方法,给予了探讨油泥处理相应的思考空间。Srivatsa[9]在含油污泥中加入带正电的絮凝剂,然后立即加入带负电的化学破乳器,通过控制药剂的比例,将原油分离出来。刘光全等[10]将油泥破乳后,再利用热洗技术除油,最后利用机械法分离油水混合物,回收了其中98％的原油。

此方法无论是对油田的落地油泥还是对炼钢厂的油泥,或是对不同生产过程中产生的各类油泥均有广泛的处理效果,且此类技术投资少、脱油率高、操作简单,可以与其他的油泥处理方法协同联合使用。因为基本采用的是物理方法,所以处理后的油泥中可能还会含有其他有害物质,从而对环境造成破坏,最好的措施是将调质-机械分离法与生物或其他方法联合使用,方能达标[11]。

2）溶剂萃取

萃取也称抽提,是利用各组分在溶剂中拥有不同溶解度的特点,将油泥中的油溶解到溶剂之中,通过固液分离、液相蒸馏,将原始物料分成油、溶剂、固体物,其中的油用于回炼,溶剂可循环使用[12]。此方法广泛应用于油泥的处理,主要应用相似相溶原理,寻找与润滑油具有相似极性的有机溶剂,将原油从含油污泥中抽提出来;然后,通过蒸馏萃取对有机溶剂回收再利用,而回收的原油返回炼油厂再次炼制。

针对不同性质的油泥采用不同的有机溶剂,所考虑的萃取因素主要有溶剂与油泥的比例、混合时间、混合强度等。一般不把温度当作考虑因素,这是因为大多数有机试剂随着温度升高,挥发性变大,会增加油泥的处理成本。同时,溶剂与油泥的混合比例越大,对废油泥的处理效果越好,但这样不仅会增加成本,还会对设备造成过大的负担,减少设备的使用寿命。

对于高度乳化、含油量较大的油泥,一次萃取的效果不是特别明显,油泥中的废油和固体颗粒不能完全分开,这时一般采用多级萃取,经过多次萃取,油泥的含油率会大大降低。侯连栋等[13]向油泥中加入稀释剥离剂,依靠搅拌以及机械的强制分离措施,使油泥彻底分离,然后再进行回收。试验结果表明,这种方法可令泥析出率高达99％,析出的泥含油率在0.5％以下,总体油品回收率为98％。

巫树锋等[14]研究了不同沸程的馏分油和石油醚的萃取效果:90～

110 ℃沸程段的馏分油效果最佳,这可能与其和油泥中油分的组成相似有关,120 ℃溶剂油效果次之,石油醚最差。进一步研究得到了最佳工况条件:固液比为 5,萃取周期为 30 min,萃取温度为 50 ℃。对得到的渣油进行检测,符合炼厂回炼标准。萃取法具有操作条件温和、油分回收较为彻底、油分不会被溶剂污染等特点,是一种很有前景的油泥处理方式,但现有的萃取剂或多或少存在性价比以及循环使用率方面的问题。选择高效、绿色的萃取剂,优化工艺条件,降低萃取剂的损耗,提高萃取效率,这些都是实现工业化必须解决的问题。

3)超临界萃取

超临界萃取是利用超临界流体,即处于温度高于临界温度、压力高于临界压力的热力学状态的流体作为萃取剂。超临界流体萃取的特点:萃取剂与萃余相易分离;可通过调节压力、温度等参数调整超临界流体的溶解能力,将不同组分萃取出来。梁丽丽[15]进行了超临界 CO_2 萃取油泥工业试验,研究工况条件及原料性质对处理效果的影响。结果表明,压力、温度、时间是影响油分去除率的 3 个主要因素,油泥种类对试验的影响微弱,可以忽略。试验范围内,各因素对去除率影响的主次顺序:压力＞温度＞时间。较好的工艺参数:压力为 20 MPa、温度为 55 ℃、时间为 40 h,此时去除率为 33.15％。

4)填埋法

填埋处理工艺含油污泥安全填埋是利用不具有渗透性的厚黏土层、人造内衬将油泥与空气、水体隔离开来,在安全填埋的底层设置渗滤液收集系统,达到油泥与环境生态系统最大限度的隔绝。虽然填埋法处理油泥成本低,但填埋法仍然无法避免渗滤液污染地面及地下水的可能,还会占用大量土地。填埋法无法资源化利用油泥,当含油污泥无法进行其他方式处置时,才考虑使用填埋法,为了保证填埋的安全性,油泥常需脱水。目前,随着土地资源的紧缺,越来越多国家陆续停止新建填埋场,并逐渐停止使用已建的填埋场[16]。

4.3.2 化学法

1) 焚烧法

目前,我国处理油泥的主要方法是焚烧法,最主要的焚烧炉为回转窑、耙式炉、方箱式、固定床式或流化床式等炉型[17]。焚烧法是将温度上升到 1 000～1 200 ℃,然后将油泥送入焚烧炉中焚烧约 30 min,油泥中的矿物油等大部分有机物燃烧殆尽,再将燃烧残渣掩埋处理。由于有机物的燃烧,在焚烧过程中会产生大量烟气,通过淋洗、吸附、除尘等技术,使粉尘、氮氧化物、硫氧化物等达到排放标准后放空。优点是此方法操作简便、处理效率高、投入少,缺点是此方法需要健全的废气处理系统,还需要满足国家的相关规定,同时会浪费资源。

2) 热解法

热解法是一种无氧分解高温处理油泥的方法,含油污泥在无氧的条件下加热到一定的温度,送入闪蒸塔,气体逸出后收集,而固体成为焦炭。

含油污泥中含有大量的烯烃、烷烃、芳香烃等有机物,当加热到一定温度后,这些有机物裂解、热浓缩,送入闪蒸塔后,在闪蒸塔内轻质的烃与水通过冷凝方式回收,重质烃与无机物从底部分离进行碳化形成焦炭[18]。此方法处理彻底,减容减量较多,二次污染小,资源回收率高。林德强等[19]对高温裂解的多项参数进行探讨,发现裂解产物随最终温度的保温时间先增大后减小,与冷凝温度成反比,证明了油泥可以通过裂解实现全组分循环利用。陈继华等[20]在氮气气氛热解油泥研究的基础上,开展了二氧化碳气氛下热解油泥的研究,并对比两者的处理效果。结果表明,热解产油率方面后者较高,最佳反应温度为 500 ℃,但将裂解气中的甲烷和氢气含量相比,氮气气氛下的裂解效果更好。Wang 等[21]利用热重-质谱联用手段对油泥热解的步骤进行了分析对比,结果表明:油泥在 200 ℃左右开始分解,且在 350～500 ℃裂解速率较快;在一定温度下,添加催化剂虽能提高转化率,但对油品品质的改变不大;但是,若在 400 ℃

热解,则油品的质量有所提升。Liu 等[22]对罐底油泥进行热重分析,分析其气相产物组成。由 DTG 曲线可知:热解过程主要发生在 473～773 K;增大升温速率会导致残渣中碳、硫含量增加,氢含量降低;气体产物中碳氢化合物(CHS)随着升温速率的提高,产率越大,且在 600～723 K 时,CHS 的产率显著。

首先,热解产物可以充分利用:可燃不凝气视其热值高低可以直接与天然气混合燃烧,可燃液体以轻质油为主,热值较高,可作为原料利用。另外,热解的理论过程是在绝氧状态下进行的,一定程度上避免了二噁英的产生。经净化稳定处理后的热解不凝气在高温下燃烧,其处理过程是一个彻底而洁净的氧化过程。

3) 化学清洗处理

化学清洗法是将油泥、水以及热洗药剂混合加热,反复洗涤,从而将油泥中的有机物分离出来的方法。刁潘[23]利用化学热洗与生物法结合处理油泥,油泥的含油量降至 0.68%,明显低于油泥填埋的标准量。Li[24]为解决含油污泥大量储存带来的环境问题,将热洗与溶剂萃取技术联合使用,使得油泥中的油含量由之前的 8%～30%降低到 0.3%以下,达到国家规定的要求,同时控制处理成本为 62.55 元/t,为油泥的规模化处理提供了经验。王琦等[25]通过试验对阴离子、阳离子、无机、非离子这4 类清洗剂进行化学清洗效果的对比。结果显示,阴、阳离子清洗剂的处理效果不能达到要求;无机清洗剂的效果最佳,投加量为 3 g/L,在 70 ℃下搅拌 120 min 后的油泥,含油率不足之前的 10%,与其对应的是蓖麻油聚氧乙烯醚,同样的反应温度下,只需 0.6 g/L 处理 60 min,就可将含油率降到 15%,甚至更低。无机型清洗剂的处理深度占优,但工艺周期长;非离子型清洗剂投加量小、处理效率高,但出水呈明显碱性,需后续处理,具体的选择可以根据处理目标和油泥的性质而定。化学清洗法处理流程温和,对设备没有较高要求,工艺流程简便,对油泥的脱油效率一般在85%～90%,甚至更高,良好的处理效率令其受到广泛的关注[26]。

目前的清洗剂大都是单一药剂,还未对复合药剂进行深度的研究。另外,虽然油泥的含油率降下来了,但回收油分的品质是否符合回用标准仍需验证。

4.3.3　微生物法

石油三相成分中均有碳分布：气态的轻质烷烃、液态的苯系物和固态的沥青等重组分。自然条件下,这些物质均能被生物降解,微生物的降解酶系具有水解、氧化还原、脱水、脱氨和脱羧等各种化学作用能力和繁殖变异能力,可以用于环境修复治理等多个方面。

研究表明,相对于自然状态下,受石油污染土壤中的石油降解菌群的比例大幅上升。因此,土著微生物是微生物处理方面不能忽视的力量。微生物处理废油按过程处理机理主要分为 2 个方向：一是添加,首先通过不断的诱导、培育,分离出具有高限废油处理能力的细菌,然后添加到油泥中进行处理；二是自我诱导,主要的步骤就是曝气,通过向油泥中投放含有氮、磷的化肥,刺激污点微生物的活性,从而达到分解的目的[27]。

许增德等[28]经过对不同菌株的培育筛选以及诱导培养,选出对油高度敏感的菌类,脱油率达到 53.4%。在微生物的油泥降解试验中发现,处理效果与处理时间成正比,处理时间越长,处理效果越好。Lazar 等[29]分离出了 6 种对碳氢化合物具有高度分解能力的细菌,并对 Otesti 油田油泥进行降解测试,发现动态下的去除率为 16.75%～95.85%,而在静态下的去除率为 16.85%～51.85%。

参考文献

[1] 刘利群,刘春江.间接热解吸技术在含油污泥处理中的应用[J].天然气与石油,2017,35(2)：117-120.

[2] 魏彦林,杨志刚,马天奇,等.延长油田含油污泥处理技术研究与应用[J].

应用化工,2017,46(6):1229-1233.

[3] 黄松芝,刘真凯,赖晓雪.孤东油田含油污泥现状及处理技术[J].油气田环境保护,2002,12(1):25-27.

[4] 郑川江,舒政,叶仲斌,等.含油污泥处理技术研究进展[J].应用化工,2013,42(2):332-336.

[5] 李冰,谢卫红,朱景义.中国石油油田含油污泥处理现状[J].石油规划设计,2009,20(4):18-20.

[6] 刘志群,白玉兴,黄春富.落地油泥污染及油土分离处理的工艺研究[J].环境保护科学,2004,30(2):43-45.

[7] 董进.螺旋沉降离心机有污泥脱水装置上的应用[J].石油化工环境保护,1996(4):36-39.

[8] BOCK J, ROBBINS M L, CANEVARI G P. Unique and effective separation technique for oil contaminated sludge: US04938877A[P]. 1990-07-03.

[9] SRIVATSA S R. Recovery of oil from oily sludges: US4383927A[P]. 1983-05-17.

[10] 刘光全,王蓉莎.含油污泥处理技术研究[J].重庆环境科学,1999,21(3):49-52.

[11] 刘洋.含油污泥的处理方法[J].油气田地面工程,2012,31(2):73-73.

[12] 张中杰.炼厂含油污泥处理技术综述[J].中国科技信息,2005(3):9-9.

[13] 侯连栋,魏新华,周学海,等.一种稠油油泥的处理方法:CN1669960A[P]. 2005-09-21.

[14] 巫树锋,刘发强,杨岳,等.罐底含油污泥萃取溶剂的选择与优化[J].环境工程学报,2013(8):3191-3195.

[15] 梁丽丽.超临界 CO_2 萃取含油污泥技术研究[D].青岛:中国石油大学,2011.

[16] WANG S, CUI Y, WANG C, et al. Development of the sludge treatment techniques[J]. Journal of Jilin Architectural and Civil Engineering Institute, 2000(1):25-28.

[17] 张宁生,周强泰,芮新红.污泥的焚烧处理技术[J].能源研究与利用,2003(1):35-37.

[18] 郝以专,孟相民,李晓祥.油田含油污泥处理工艺技术研究与应用[J].油气

田环境保护,2001,11(3):40-42.

[19] 林德强,丘克强.含油污泥真空热裂解的研究[J].中南大学学报(自然科学版),2012(4):40-44.

[20] 陈继华,马增益,马攀.储运油泥热解机理研究[J].能源工程,2012(2):60-65.

[21] WANG Z, GUO Q, LIU X, et al. Low temperature pyrolysis characteristics of oil sludge under various heating conditions[J]. Energy & Fuels, 2007, 21(2):957-962.

[22] LIU J, JIANG X, ZHOU L, et al. Pyrolysis treatment of oil sludge and model-free kinetics analysis[J]. Journal of Hazardous Materials, 2009, 161(2-3):1208-1215.

[23] 刁潘.化学热洗—生物降解联合处理含油污泥[D].成都:西南石油大学,2014.

[24] LI H. The application of oily sludge treatment by hot washing and extraction of auxiliary solvent technology[J]. Environmental Protection of Oil & Gas Fields, 2010, 28(2):190-197.

[25] 王琦,李美蓉,祝威,等.不同类型清洗剂对含聚油泥清洗效果及界面性质的影响[J].环境工程学报,2012,6(5):1739-1743.

[26] ABDEL-MAWGOUD A M, LÉPINE F, DÉZIEL E. Rhamnolipids: Diversity of structures, microbial origins and roles[J]. Applied Microbiology and Biotechnology, 2010, 86(5):1323-1336.

[27] 宫健,周振文,路建安,等.生物降解含油污泥技术介绍[J].山东环境,2000(s1):120-120.

[28] 许增德,张建,侯影飞,等.含油污泥微生物处理技术研究[J].生物技术,2005,15(2):61-64.

[29] LAZAR I, DOBROTA S, VOICU A, et al. Microbial degradation of waste hydrocarbons in oily sludge from some Romanian oil fields[J]. Journal of Petroleum Science and Engineering, 1999, 22(1-3):151-160.

索 引